面向新型电力系统的配电网全电压等级规划设计指导手册

国网衢州供电公司　编

中国水利水电出版社
www.waterpub.com.cn

·北京·

内 容 提 要

本书主要内容分为概述、配电网的主要设备、配电网规划体系与方法、现状配电网评估、配电网灵活资源及负荷预测、适应新型电力系统构建的供电区域划分及网架规划、用户接入规划、电源接入规划、储能接入规划、充换电设施接入规划、规划成效分析和规划方案技术经济分析。

本书可为配电网规划相关工作的技术人员提供参考。

图书在版编目（CIP）数据

面向新型电力系统的配电网全电压等级规划设计指导
手册 / 国网衢州供电公司编. -- 北京 ：中国水利水电
出版社，2022.4
　ISBN 978-7-5226-0604-0

　Ⅰ．①面… Ⅱ．①国… Ⅲ．①配电系统－电力系统规
划－手册 Ⅳ．①TM715-62

中国版本图书馆CIP数据核字（2022）第059843号

书　　名	面向新型电力系统的配电网全电压等级规划设计指导手册 MIANXIANG XINXING DIANLI XITONG DE PEIDIANWANG QUAN DIANYA DENGJI GUIHUA SHEJI ZHIDAO SHOUCE
作　　者	国网衢州供电公司　编
出版发行	中国水利水电出版社 （北京市海淀区玉渊潭南路 1 号 D 座　100038） 网址：www.waterpub.com.cn E-mail：sales@mwr.gov.cn 电话：（010）68545888（营销中心）
经　　售	北京科水图书销售有限公司 电话：（010）68545874、63202643 全国各地新华书店和相关出版物销售网点
排　　版	中国水利水电出版社微机排版中心
印　　刷	天津嘉恒印务有限公司
规　　格	184mm×260mm　16 开本　11.25 印张　274 千字
版　　次	2022 年 4 月第 1 版　2022 年 4 月第 1 次印刷
印　　数	0001—2000 册
定　　价	**68.00 元**

配电网是国民经济和社会发展的重要公共基础设施，直接面向终端用户，与广大人民群众的生产生活息息相关。当前，我国的能源生产和消费领域正在发生重大变革，对配电网供电能力、供电可靠性、资源配置能力和智能化水平要求越来越高，迫切需要加快配电网规划建设。作为连接千家万户的"最后一公里"电网，配电网在服务人民美好生活需要、支撑能源生产消费革命、推动城乡经济社会发展、构建国家总体安全等战略布局中具有重要作用。党的十九大报告提出，要加强电网等基础设施网络建设，推进能源生产和消费革命，构建清洁低碳和安全高效的能源体系，对电网发展提出了更高的要求。近年来，浙江省持续推进清洁能源示范省创建，在能源需求侧和供给侧向清洁低碳和电气化发力，推动实现能源领域的"两个50%"。作为全国首批新型电力系统示范区试点省份之一，国家电网有限公司赋予浙江建设新型电力系统省级示范区的重大使命，这既是浙江能源电力绿色转型和引领"双碳"目标的必由之路，也是公司转型发展和蝶变升级的必要之举。

为加强电网统一规划，提升配电网规划设计理念，实现配电网科学发展，全面建成多元融合高弹性电网，本书以全电压覆盖为基础，以新型电力系统下的多元融合高弹性电网建设为理念，充分结合配电网规划的日常工作需求，借鉴已开展配电网规划的成熟经验设计，紧密结合城市发展的实际情况，坚持差异化、标准化、适应性和协调性原则，介绍配电网规划的思路、流程、原理和方法，并详细列举了配电网规划的常用参数、典型案例等。

本书主要内容分为概述、配电网的主要设备、配电网规划体系与方法、现状配电网评估、配电网灵活资源及负荷预测、适应新型电力系统构建的供电区域划分及网架规划、用户接入规划、电源接入规划、储能接入规划、充换电设施接入规划、规划成效分析和规划方案技术经济分析共 12 个篇章和附录。本书的编撰紧扣供电可靠性、贯彻差异化等原则，按照统一、结合和衔接的总体要求，统筹配电网建设和改造，既突出理论性与实用性的结合，也突出配电网规划与电力用户的紧密衔接。本书的编写得到了国网衢州供电公司各相关单位的大力支持和各级领导的悉心指导，凝聚了全体编著人员的辛勤汗水和努力。

希望本书可以为读者在配电网规划工作中提供参考和帮助。不足之处，敬请广大同行和读者提出宝贵意见和建议。

编者

2021 年 12 月

目录

1 概述

1.1 配电网的定义

电网按其在电力系统的作用不同分为输电网和配电网。输电网和配电网的划分如图 1-1 所示。

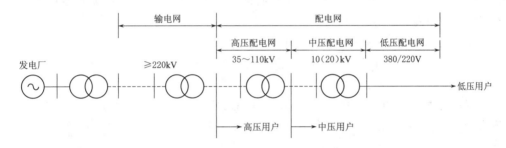

图 1-1 输电网和配电网的划分

输电网是以高压（220kV）、超高电压（交流 330kV、500kV、750kV，直流 ±600kV）、特高压（交流 1000kV，直流 ±800kV）输电线路将发电厂和变电站连接起来的输电网络，是电力网中的主干网络。

配电网是从电源侧（输电网、发电厂、分布式电源、发电设施等）接受电能，并通过配电设施就地或逐级分配给各类用户的电力网络，对应电压等级一般为 110kV 及以下。配电网是输电网和电力用户之间的连接纽带，在电力网中起着分配电能的重要作用，是电网的重要组成部分。配电网直接面向终端用户，是电力系统的毛细血管，与城乡规划建设密切相关，是服务民生的重要基础设施。配电网由变（配）电站（室）、开关站、架空线路、电缆等电力设施、设备组成。对配电网的基本要求主要是供电的连续性和可靠性、合格的电能质量以及运行的经济性等。

我国电网以往的发展以安全供电为重心，其运行、控制和管理模式都是被动的。由大型发电厂生产的电力，随着用户负荷的变动而变动，因此中低压配电网即为电力系统的"被动"负荷，传统配电网可以称为被动配电网。

1.2 配电网的分类

配电网涉及高压配电线路和变电站、中压配电线路和配变、低压配电线路、用户和电源等四个紧密关联的层级。配电网根据电压等级的不同，可划分为高压配电网、中压配电网和低压配电网。一般情况下，110(66)kV、35kV 电压等级配电网称为高压配电网，10(20)kV 电网称为中压配电网，380/220V 电网称为低压配电网。我国的高压配电网电压等级一般采用 110kV 和 35kV，东北地区主要采用 66kV；中压配电网电压等级一般采用 10kV，个别地区采用 20kV 或 6kV；低压配电网的电压等级采用 380/220V。

按供电地域特点不同或服务对象不同，配电网可分为城市配电网和农村配电网。按照电线路的不同，可分为架空配电网、电缆配电网以及架空电缆混合配电网。

1.3　新型电力系统背景分析

党的十九大指出，我国经济已由高速增长阶段转向高质量发展阶段，要推进能源生产、消费、技术和体制革命，构建清洁低碳、安全高效的能源体系。习近平总书记提出的"四个革命、一个合作"能源安全新战略，明确了我国能源工作总体要求和战略方针，为我国能源电力事业的发展指明了方向。

当前，能源领域正面临着保障能源安全、推动低碳发展以及降低用能成本的三角悖论。从供给侧看，清洁低碳、持续保供和价格约束三个目标难以同时符合；从消费侧看，省心电、省钱电和绿色电三个需求难以同时满足；从电网侧看，提高安全水平、提升电网效能和减少电网投资三个要求难以同时实现。电网面临源荷缺乏互动、安全依赖冗余、平衡能力缩水以及提效手段匮乏四大问题，电网发展面临深刻变化和转型需求。

1.3.1　新型电力系统下的机遇和挑战

当前能源的发展和变革日新月异，给配电网的发展带来较大的机遇和挑战：

（1）配电网网络形态发生深刻变化，新能源大规模并网和新型用能设施大量接入，配电网潮流多向化，源荷双重不确定性叠加，规划和运行难度加大。新能源的"双高"特性（高比例新能源、高比例电力电子设备）对电网的网架结构、安全性、消纳能力等各方面提出了更高的要求。

（2）以冗余保安全的发展模式使配电设施整体利用效率不高，投资效益低下，资源配置效率有待提升。

（3）智能终端覆盖面窄，通信带宽受限，难以满足多元业务需求，电网侧和用户侧状态感知能力明显不足。

（4）传统配电网的调度控制体系难以满足海量用户侧资源参与供需互动的需求，调度控制模式有待变革。

在能源安全与双碳背景下，新型电力系统的建设迫在眉睫。新型电力系统是传统电力系统的跨越升级，是清洁低碳、安全高效能源体系的重要组成部分，承载着能源转型的历史使命，是清洁低碳、安全可控、灵活高效、开放互动和智能友好的电力系统。

随着我国提出碳达峰、碳中和目标，推动构建以新能源为主体的新型电力系统，使得新能源在未来电力系统中的核心地位得到明确。2021 年，浙江省多地相继出台"新能源＋储能"支撑政策，并积极推动政策落地实施，助力新能源快速发展和能源绿色低碳转型。

　　结合浙江资源禀赋和电网发展实际，电网电源向新能源为主体的结构演进。源荷双侧量变将带来系统性质变，催生全局性跃变，推动形成浙江新型电力系统，呈现"六化"演进特征。

　　一是零碳电源主力化。装机、电量由化石电源主导向零碳电源主导转变，主体电源出力由连续可控向强不确定性和弱可控转变，新能源将逐步演变成装机主体、出力主体以及电力供应主体。

　　二是电网形态多元化。电网由单一的工频交流组网向灵活的交直流混合组网演进，由单向逐级向多元双向结构演进，大电网和微电网实现深层次融合发展；电力单独组网向以电为中心的能源互联网转变，电力核心枢纽作用将更加显著。

　　三是系统运行柔性化。灵活可控资源将得到充分应用，电网由同步机为主导的系统向由电力电子设备和同步机共同主导的混合系统转变，电力平衡由源随荷动的实时平衡向大规模储能与灵活互动资源参与的时空互补互济转变，由大电网一体化控制模式向大电网与微电网协同控制模式转变。

　　四是生产消费一体化。电源和负荷的界限将更加模糊，电力产销者作为一种新主体，大规模参与系统运行，终端负荷向具有灵活互动能力的"主动型"转变，电能消费将由刚性需求向高弹性和柔性需求转变。

　　五是发输配用数字化。数据作为核心生产要素的基础作用将充分体现，发输配用全链条实现全息感和协同控制，形成高度数字化、智能化的运行决策体系和平台化、共享化的价值实现体系，支撑系统安全经济运行。

　　六是碳电市场协同化。电力市场和碳市场将融合发展，形成适应高比例新能源发展的碳电协同市场模式，电力的商品价值、安全价值和绿色价值将充分体现，以价格作为纽带发挥市场在资源优化配置中的决定性作用，实现系统安全经济和高效低碳运行。

1.3.2　新型电力系统下的多元融合高弹性配电网

　　新型电力系统下的多元融合高弹性配电网是能源互联网浙江实践的核心载体，是传统电网向海量资源被唤醒、源网荷储全交互以及安全效率双提升的电网升级，具有高承载、高自愈、高效能、高互动四种能力，多元融合高弹性配电网框图如图1-2所示。能够解决电网源荷缺乏互动、安全依赖冗余、平衡能力缩水、提效手段匮乏等现实问题。充分发挥电网在连接电力供需、促进多能转换以及构建现代能源体系中的枢纽作用，将多元融合高弹性配电网作为能源互联网建设的核心载体，发挥其引领力、辐射力和带动力，打造能源互联新形态，构建能源互联网生态圈。

　　多元融合高弹性配电网深刻践行"节约的能源是最清洁的能源""节省的投资是最高效的投资"和"唤醒的资源是最优质的资源"高弹性电网三大理念，降低能源损耗、提升投资效益和挖潜低效资源。注重配电网与源荷的关系由被动模式向互动模式转变，规划目标由"单一供电可靠性"向"安全效率双提升"转变，边界条件由电力平衡向电力电量平衡统筹兼顾转变，技术路线由"安全依赖冗余"向"降冗余促安全"转变。对接高弹性电网高承载、高自愈、高效能和高互动四种能力，提升配电网对大规模分布式电源（储能）和电动汽车等多元化负荷的承载能力，提升配电网在低冗余和高承载状态下的安全稳定运行和自愈能力，提升配电网运行效能，提升网架结构灵活性以及支撑源网荷储多元互动。

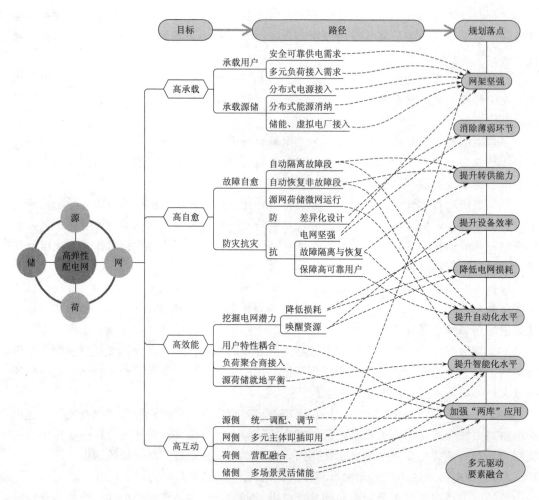

图 1-2　多元融合高弹性配电网框图

新型电力系统下终端负荷向具有灵活互动能力的"主动型"转变，因此多元融合高弹性配电网可以称为主动配电网。

1.4　全电压等级的多元融合高弹性配电网规划

1.4.1　全电压理念及框图

全电压等级的多元融合高弹性配电网规划以配电网规划全电压等级全覆盖为基础，以配电网全电压供电和全电压接入为需求，来满足全电压等级的用户供电和全电压等级的电源、储能、多元化负荷等的接入和互动，打通用户及电源接入的"最后一百米"。全电压等级的多元融合高弹性配电网规划如图 1-3 所示。

1.4.2　全电压等级的多元融合高弹性配电网规划特点

在全电压等级的多元融合高弹性配电网下，配电网进行功能换代和形态升级。配电网的规划目标、规划方法和规划对象发生较大转变。

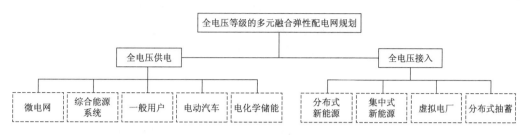

图 1-3　全电压等级的多元融合高弹性配电网规划

1. 规划覆盖面由"高中压"向"全电压"转变

传统的配电网规划侧重于高压和中压网架的规划和梳理，对于低压、用户接入以及分布式等涉及较少，无法满足当前分布式光伏全面推进、各类用户接入界面延伸以及多元负荷即插即用等需求。

2. 规划目标由"单目标"向"多目标"转变

传统的配电网规划以提升供电可靠性为目标，以满足负荷增长为任务。现阶段配电网已然成为清洁低碳的关键环节以及提质增效的主要载体，因此配电网规划应从安全可靠的单目标规划转向兼顾灵活性、可靠性和经济性的多目标优化规划。

3. 规划方法由网格化规划向场景化规划延伸

网格化规划为精细化规划的主要做法，但随着接网元素多样化和电网形态深刻变化，区域资源禀赋和发展定位对配电网发展的影响越来越大。按照能源的输入、输出以及自平衡特点进行区域划分，差异化地选择规划场景，自由组合供电网格，因地制宜开展多场景概率性规划，对配电网高质量发展具有重大意义。

4. 规划对象由供电网络向能源网络拓展

随着新能源大规模并网和新型用能设施的大量接入，电力流向呈现不确定性，传统供电网络也逐步向多元参与、多态转换以及多能融合的能源网络转变，因此配电网规划对象应从传统的供电网络向能源网络拓展，来满足源网荷储协调运行和多种能源互补互济。

1.5　术语和定义

1.5.1　配电网网格化规划

配电网网格化规划（meshing planning of distribution network），是指与城乡规划紧密结合，以地块用电需求为基础，以目标网架为导向，将配电网供电区域划分为若干供电网格，并进一步细化为供电单元，分层分级开展的配电网规划。

1.5.2　供电区域

供电区域（power supply zones），其划分是配电网差异化规划的重要基础，用于确定区域内配电网规划建设标准。主要依据饱和负荷密度，也可参考地区行政级别、经济发达程度、用户重要程度、用电水平以及 GDP 等因素确定。供电区域面积不宜小于 $5km^2$。计算饱和负荷密度时，应扣除 110（60）kV 以上专线负荷，以及高山、戈壁、荒漠、水域以及森林等无效供电面积。

供电区域划分应在省级公司指导下统一开展，在一个规划周期内（一般为 5 年）供电区域类型应相对稳定。在新规划周期开始时进行调整，若有重大边界条件发生变化时，需在规划中期调整的，应进行专题说明。参照相关技术标准，在划定的条件相似的供电范围内，根据衢州实际拟分为城市、省级工业园区、城镇和农村四类。

1.5.3　供电分区

供电分区（power supply partition），是指在地市或县域内部，高压配电网网架结构完整、供电范围相对独立以及中压配电网联系较为紧密的区域。供电分区是开展高压配电网规划的基本单位，主要用于高压配电网变电站布点和目标网架构建。供电分区宜衔接城乡规划功能区和组团等区划，结合地理形态和行政边界进行划分。规划期内的高压配电网网架结构完整并且供电范围相对独立。供电分区一般可按县（区）行政区划划分，对于电力需求总量较大的市（县），可划分为若干个供电分区，原则上每个供电分区负荷不超过 1000MW。

供电分区划分应相对稳定、不重不漏，且具有一定的近远期适应性，划分结果应逐步纳入相关业务系统中。

1.5.4　供电网格

供电网格（power supply mesh），是在配电网供电区域划分的基础上，与城乡控制性详细规划以及城乡区域性用地规划等市政规划及行政区域划分相衔接，综合考虑配网运维抢修和营销服务因素进一步划分而成的若干相对独立的网格。供电网格是制定目标网架规划，统筹廊道资源及变电站出线间隔的管理单位。

供电网格是开展中压配网目标网架规划的基本单位。在供电网格中，按照各级协调与全局最优的原则，统筹上级电源出线间隔及网格内廊道资源，确定中压配电网网架结构。供电网格宜结合道路、铁路、河流和山丘等明显的地理形态进行划分，与国土空间规划相适应。在城市电网规划中，可以街区（群）、地块（组）作为供电网格；在乡村电网规划中，可以乡镇作为供电网格。

供电网格的供电范围应相对独立，供电区类型应统一，电网规模应适中。饱和期宜包含 2~4 座具有中压出线的上级公用变电站（包括有中压出线的 220kV 变电站），且各变电站之间应具有较强的中压联络。在划分供电网格时，应综合考虑中压配网运维检修及营销服务等因素，以利于推进配电网规划、建设、运行和营销全过程精细化管理和一体化供电服务。

供电网格划分应相对稳定、不重不漏，且具有一定的近远期适应性，划分结果应逐步纳入相关业务系统中。

1.5.5　供电单元

供电单元（power supply unit），是在供电网格划分基础上，结合城市用地功能进行定位，综合考虑用地属性、负荷密度和供电特性等因素划分的若干相对独立的单元。

供电单元是配电网规划的最小单位，是在供电网格基础上的进一步细分。在供电单元内，根据地块功能、开发情况、地理条件、负荷分布以及现状电网等情况，规划中压网络接线、配电设施布局以及用户和分布式电源接入，制定相应的中压配网建设项目。供电单元一般由若干个相邻、开发程度相近以及供电可靠性要求基本一致的地块（或用户区块）

组成。在划分供电单元时，应综合考虑供电单元内各类负荷的互补特性，兼顾分布式电源发展要求，提高设备利用率。还应综合考虑饱和期上级变电站的布点位置、容量大小以及间隔资源等影响，饱和期供电单元内以 1～4 组中压典型接线为宜，并具备 2 个及以上主供电源。正常方式下，供电单元内各供电线路宜仅为本单元内的负荷供电。

供电单元划分应相对稳定、不重不漏，且具有一定的近远期适应性，划分结果应逐步纳入相关业务系统中。

1.5.6 规划成熟区

规划成熟区（built - up area），是指城市行政区内实际已成片开发建设，并且市政公用设施和公共设施基本建成的地区。区域内电力负荷已经达到或即将达到饱和负荷。

1.5.7 规划建设区

规划建设区（builting area），是指规划区域正在进行开发建设，区域内电力负荷增长较为迅速，一般具有地方政府控制性详规。

1.5.8 自然发展区

自然发展区（rural area），是指地方规划及发展前景未完全明确，且电力负荷没有快速增长趋势的区域。主要指农村区域。

1.5.9 双电源

双电源（double power），是指分别来自两个不同变电站，或来自同一变电站内两段母线，为同一用户或公用变电站供电的两路供电电源。其中来自不同变电站，为同一用户或公用变电站供电的两路供电电源，又称为双侧电源。

1.5.10 双回路

双回路（double circuit）指为同一用户供电的两回供电线路，两回供电线路可以来自同一变电站的同一母线段。

1.5.11 储能系统

储能系统（energy storage system），是通过物理介质或装置，进行可循环电能存储、转换及释放的设备系统。按照储存介质进行分类，可以分为电化学类储能系统、电磁类储能系统以及机械类储能系统等。

2

配电网的主要设备

配电设备是从输电网和各类发电设施接受电能，就地或逐级分配给各类用户的电能传输的载体。配电网包括一次设备和二次设备，一次设备直接配送电能，主要包括变压器、开关设备、架空线路以及电力电缆等；二次设备对配电网进行测量、保护和控制，主要包括继电保护装置、安全自动装置、计量装置、配电自动化终端以及相关通信设备等。线路和变压器是组成配电系统的基本元素，配电电力电子设备及其他配电设备的主要作用是支持、保护和控制线路及变压器。

配电系统设施可以分为变配电设施、电力线路设施等。变电设施包括变电站和开关站；配电设施包括配电室、箱式变和柱上变压器台；电力线路设施包括架空线路及电力电缆。

配电网设施建设与市政条件关系联系紧密，配电网规划设计人员一方面需要掌握配电设施的建设形式及实施方式要求，另一方面需要掌握配电网设备的参数情况。配电设备主要包括变压器、开关柜、隔离开关、无功补偿以及绝缘子等。

35kV及以上设备与10(20)kV及以下设备因电压等级不同，设备绝缘及其他参数差别较大，各电压等级设备类型、尺寸及布置方式区别明显，下面将35kV及以上设备与10(20)kV及以下设备分别进行介绍。

2.1 35～110kV 配电网设备

2.1.1 主变压器

35～110kV主变压器按绕组数可分为双绕组变压器和三绕组变压器；按调压方式可分为无励磁调压变压器和有载调压变压器；按冷却方式可分为自冷变压器和风冷变压器；按制造工艺可分为油浸式变压器、气体绝缘变压器和干式变压器。

1. 主要设备规范及电气参数

依据《油浸式电力变压器技术参数》（GB/T 6451—2015）、《干式电力变压器技术参数和要求》（GB/T 10228—2008）的相关规定，35～110kV常用主变压器设备规范及电气参数如下，包括：

35kV油浸式电力变压器（参数见表2-1至表2-3）。50～1600kVA三相双绕组无励磁调压配电变压器见表2-1。630～31500kVA三相双绕组无励磁调压电力变压器见表2-2。2000～10000kVA三相双绕组有载调压电力变压器见表2-3。

表 2 - 1　　　　　**50～1600kVA 三相双绕组无励磁调压配电变压器**

额定容量 /kVA	电压组合及分接范围			联结组 标号	空载损耗 /kW	负载损耗 /kW	空载电流 /%	短路阻抗 /%
	高压/kV	高压分接范围/%	低压/kV					
50					0.21	1.27/1.21	2.00	
100					0.29	2.21/2.02	1.80	
125					0.34	2.50/2.38	1.70	
160					0.36	2.97/2.83	1.60	
200					0.43	3.50/3.33	1.50	
250					0.51	4.16/3.96	1.40	
315	35	±5	0.4	Dyn11 Yyn0	0.61	5.01/4.77	1.40	6.5
400					0.73	6.03/5.76	1.30	
500					0.86	7.28/6.93	1.20	
630					1.04	8.28	1.10	
800					1.23	9.90	1.00	
1000					1.44	12.15	1.00	
1250					1.76	14.67	0.90	
1600					2.12	1.75	0.80	

注　1. 对于额定容量为 500kVA 及以下的变压器，表中斜线上方的负载损耗值适用于 Dyn11 联结组，斜线下方的负载值适用于 Yyn0 联结组。

　　2. 根据用户需要，可提供高压分接范围为 ±2×2.5% 的变压器。

表 2 - 2　　　　　**630～31500kVA 三相双绕组无励磁调压电力变压器**

额定容量 /kVA	电压组合及分接范围			联结组 标号	空载损耗 /kW	负载损耗 /kW	空载电流 /%	短路阻抗 /%
	高压/kV	高压分接范围/%	低压/kV					
630					1.04	8.28	1.10	
800					1.23	9.90	1.00	
1000			3.15 6.3 10.5		1.44	12.15	1.00	
1250	35	±5			1.76	14.67	0.90	6.5
1600				Yd11	2.12	17.55	0.80	
2000					2.72	19.35	0.70	
2500					3.20	20.70	0.60	
3150			3.15 6.3 10.5		3.80	24.30	0.56	
4000	35～38.5	±5			4.52	28.80	0.56	7.0
5000					5.40	33.03	0.48	
6300					6.56	36.90	0.48	

续表

额定容量 /kVA	电压组合及分接范围			联结组 标号	空载损耗 /kW	负载损耗 /kW	空载电流 /%	短路阻抗 /%
	高压/kV	高压分接范围/%	低压/kV					
8000	35～38.5	±2×2.5	3.15 3.3 6.3 6.6 10.5 11	Ynd11	9.00	40.50	0.42	7.5
10000					10.88	47.70	0.42	
12500					12.60	56.70	0.40	
16000					15.20	69.30	0.40	
20000					18.00	83.70	0.40	8.0
25000					21.28	99.00	0.32	
31500					25.28	118.80	0.32	

注 1. 额定容量为6300kVA及以下的变压器，可提供高压分接范围为±2×2.5%的产品。

2. 对于低压电压为10.5kV和11kV的变压器，可提供联结组标号为Dyn11的产品。

3. 额定容量为3150kVA及以上的变压器，−5%分接位置为自大电流分接。

表 2－3 　　　　2000～10000kVA 三相双绕组有载调压电力变压器

额定容量 /kVA	电压组合及分接范围			联结组 标号	空载损耗 /kW	负载损耗 /kW	空载电流 /%	短路阻抗 /%
	高压/kV	高压分接范围/%	低压/kV					
2000	35	±3×2.5	6.3 10.5	Yd11	2.88	20.25	0.80	6.5
2500					3.40	21.73	0.80	
3150	35～38.5	±3×2.5	6.3 10.5		4.04	26.01	0.72	7.0
4000					4.84	30.69	0.72	
5000					5.80	36.00	0.68	
6300					7.04	38.70	0.68	
8000	35～38.5	±3×2.5	6.3 6.6	YNd11	9.84	42.75	0.60	7.5
10000					11.60	50.58	0.60	

注 1. 对于低压电压为10.5kV和11kV的变压器，可提供联结组标号为Dyn11的产品。

2. 最大电流分接为−7.5%分接位置。

35kV 干式电力变压器（参数见表2-4至表2-6）。50～2500kVA 三相双绕组无励磁调压配电变压器见表2-4。800～20000kVA 三相双绕组无励磁调压电力变压器见表2-5。2000～20000kVA 三相双绕组有载调压电力变压器见表2-6。

表 2－4 　　　　50～2500kVA 三相双绕组无励磁调压配电变压器

额定 容量 /kVA	电 压 组 合			联结组 标号	空载 损耗 /kW	不同的绝缘耐热等级下的负载损耗/W			空载 电流 /%	短路 阻抗 /%
	高压/kV	高压分接范围 /%	低压 /kV			B（100℃）	F（120℃）	H（145℃）		
50	35～38.5	±5 ±2×2.5	0.4	Dyn11 Yyn0	500	1420	1500	1600	2.8	6.0
100					700	2080	2200	2350	2.4	
160					880	2790	2960	3170	1.8	

续表

额定容量 /kVA	电压组合			联结组标号	空载损耗 /kW	不同的绝缘耐热等级下的负载损耗/W			空载电流 /%	短路阻抗 /%
	高压/kV	高压分接范围 /%	低压 /kV			B（100℃）	F（120℃）	H（145℃）		
200					980	3300	3500	3750	1.8	
250					1100	3750	4000	4280	1.6	
315					1310	4480	4750	5080	1.6	
400					1530	5360	5700	6080	1.4	
500					1800	6570	7000	7450	1.4	
630	35～38.5	±5 ±2×2.5	0.4	Dyn11 Yyn0	2070	7650	8100	8700	1.2	6.0
800					2400	9000	9600	10250	1.2	
1000					2700	10400	11000	11800	1.0	
1250					3150	12700	13400	14300	0.9	
1600					3600	15400	16300	17400	0.9	
2000					4250	18100	19200	20500	0.9	
2500					4950	21700	23000	24600	0.9	

表 2-5　　　　　　　800～20000kVA 三相双绕组无励磁调压电力变压器

额定容量 /kVA	电压组合			联结组标号	空载损耗 /kW	不同的绝缘耐热等级下的负载损耗/W			空载电流 /%	短路阻抗 /%
	高压/kV	高压分接范围 /%	低压 /kV			B（100℃）	F（120℃）	H（145℃）		
800					2500	9400	9900	10600	1.1	
1000					2970	10800	11500	12300	1.1	6.0
1250					3480	12800	13600	14500	1.0	
1600					4100	15400	16300	17400	1.0	
2000			3.15 6 6.3 10 10.5 11	Dyn11 Yd11 Yyn0	4700	18100	19200	20600	0.9	7.0
2500					5400	21700	23000	24600	0.9	
3150					6700	24300	25800	27500	0.8	
4000	35～38.5	±5 ±2×2.5			7800	29400	31000	33000	0.7	8.0
5000					9300	34700	36800	39300	0.7	
6300					11100	40500	43000	45900	0.6	
8000					12600	45700	48500	51900	0.6	
10000					14400	55500	58500	62600	0.5	
12500			6 6.3 10 10.5 11	Dyn11 Yd11 YNd11	17500	64000	68000	72700	0.5	9.0
16000					21500	75500	80000	84800	0.4	
20000					25500	85000	90000	96300		10.0

注　标中所列的负载损耗为括号内参考温度（见 GB 1094.11—2007《电力变压器　第 11 部分：干式变压器》的规定）下的值。

表 2-6　　　2000～20000kVA 三相双绕组有载调压电力变压器

额定容量/kVA	电压组合			联结组标号	空载损耗/kW	不同的绝缘耐热等级下的负载损耗/W			空载电流/%	短路阻抗/%
	高压/kV	高压分接范围/%	低压/kV			B (100℃)	F (120℃)	H (145℃)		
2000					5000	18900	20000	21400	0.9	
2500					5800	22500	23800	25500	0.9	7.0
3150					7000	25300	26800	28700	0.8	
4000			6		8200	30300	32100	34400	0.8	
5000			6.3		9700	35800	38000	40600	0.7	
6300	35～38.5	±4×2.5	10	Dyn11 Yd11	11500	41500	44000	47000	0.7	8.0
8000			10.5		13200	47200	50000	53500	0.6	
10000			11		15100	56800	60200	64500	0.6	
12500					18300	67000	70000	76000	0.5	9.0
16000					22500	77600	82400	88100	0.5	
20000					26500	87500	92700	99200	0.4	10.0

注　标中所列的负载损耗为括号内参考温度（见 GB 1094.11—2007 的规定）下的值。

110kV 油浸式电力变压器等（参数见表 2-7 至表 2-11）。6300～180000kVA 三相双绕组无励磁调压电力变压器见表 2-7。6300～63000kVA 三相三绕组无励磁调压电力变压器见表 2-8。6300～63000kVA 三相双绕组有载调压电力变压器见表 2-9。6300～63000kVA 三相三绕组有载调压电力变压器见表 2-10。6300～63000kVA 三相双绕组低压为 35kV 无励磁调压电力变压器见表 2-11。

表 2-7　　　6300～180000kVA 三相双绕组无励磁调压电力变压器

额定容量/kVA	电压组合及分接范围		联结组标号	空载损耗/kW	负载损耗/kW	空载电流/%	短路阻抗/%
	高压/kV	低压/kV					
6300				9.3	36	0.77	
8000				11.2	45	0.77	
10000				13.2	53	0.72	
12500				15.6	63	0.72	
16000		6.3		18.8	77	0.67	
20000		6.6		22.0	93	0.67	
25000		10.5		26.0	110	0.62	
31500	110±2×2.5%	11	YNd11	30.8	133	0.60	10.5
40000	121±2×2.5%			36.8	156	0.56	
50000				44.0	194	0.52	
63000				52.0	234	0.48	
75000				59.0	278	0.42	
90000		13.8		68.0	320	0.38	
120000		15.75		84.8	397	0.34	12～14
150000		18		100.2	472	0.3	
180000		20		112.5	532	0.23	

注　1. -5%分接位置为最大电流分接。
　　2. 对于升压变压器，宜采用无分接结构，如运行有要求，可设置分接头。

表 2-8   **6300～63000kVA 三相三绕组无励磁调压电力变压器**

额定容量/kVA	电压组合及分接范围			联结组标号	空载损耗/kW	负载损耗/kW	空载电流/%	短路阻抗/%	
	高压/kV	中压/kV	低压/kV					升压	降压
6300					11.2	47	0.82		
8000					13.3	56	0.78		
10000					15.8	66	0.74		
12500					18.4	78	0.70	高一中：17.5～18.5 高一低：10.5 中一低：6.5	高一中：10.5 高一低：17.5～18.5 中一低：6.5
16000	110±2×2.5% 121±2×2.5%	35 37 38.5	6.3 6.6 10.5 11	YNyn0d11	22.4	95	0.66		
20000					26.4	112	0.65		
25000					30.8	133	0.60		
31500					36.8	157	0.60		
40000					43.6	189	0.55		
50000					52.0	225	0.55		
63000					61.6	270	0.50		

注 1. 高、中、低压绕组容量分配为 100%/100%/100%。

     2. 根据需要联结组标号可为 YNd11y10。

     3. 根据用户要求，中压可选用不同于表中的电压值或没分接头。

     4. −5% 分接位置为最大电流分接。

     5. 对于升压变压器，宜采用无分接结构，如运行有要求，可设置分接头。

表 2-9   **6300～63000kVA 三相双绕组有载调压电力变压器**

额定容量/kVA	电压组合及分接范围		联结组标号	空载损耗/kW	负载损耗/kW	空载电流/%	短路阻抗/%
	高压/kV	低压/kV					
6300				10.0	36	0.80	
8000				12.0	45	0.80	
10000				14.2	53	0.74	
12500				16.8	63	0.74	
16000	110±8×1.25%	6.3 6.6 10.5 11	YNd11	20.2	77	0.69	10.5
20000				24.0	93	0.69	
25000				28.4	110	0.64	
31500				33.8	133	0.64	
40000				40.4	156	0.58	
50000				47.8	194	0.58	
63000				56.8	234	0.52	

注 1. 有载调压变压器，暂提供降压结构产品。

     2. 根据用户要求，可提供其他电压组合的产品。

     3. −10% 分接位置为最大电流分接。

表 2-10   6300～63000kVA 三相三绕组有载调压电力变压器

额定容量 /kVA	电压组合及分接范围			联结组标号	空载损耗 /kW	负载损耗 /kW	空载电流 /%	短路阻抗 /%
	高压/kV	中压/kV	低压/kV					
6300					12.0	47	0.95	
8000					14.4	56	0.95	
10000					17.1	66	0.89	
12500					20.2	78	0.89	高一中: 10.5 高一低: 17.5～18.5 中一低: 6.5
16000	110±8×1.25%	35 37 38.5	6.3 6.6 10.5 11	YNyn0d11	24.2	95	0.84	
20000					28.6	112	0.84	
25000					33.8	133	0.78	
31500					40.2	157	0.78	
40000					48.2	189	0.73	
50000					56.9	225	0.73	
63000					67.7	270	0.67	

注 1. 有载调压变压器，暂提供降压结构产品。

2. 高、中、低压绕组容量分配为 100%/100%/100%。

3. 根据需要联结组标号可为 YNd11y10。

4. -10%分接位置为最大电流分接。

5. 根据用户要求，中压可选用不同于表中的电压值或没分接头。

表 2-11   6300～63000kVA 三相双绕组低压为 35kV 无励磁调压电力变压器

额定容量 /kVA	电压组合及分接范围		联结组标号	空载损耗 /kW	负载损耗 /kW	空载电流 /%	短路阻抗 /%
	高压/kV	低压/kV					
6300				10.0	39	0.84	
8000				12.0	47	0.84	
10000				14.0	55	0.78	
12500				16.4	66	0.78	
16000	110±2×2.5% 121±2×2.5%	35 37 38.5	YNd11	19.6	81	0.72	10.5
20000				23.2	99	0.72	
25000				27.4	116	0.67	
31500				32.4	140	0.67	
40000				38.6	164	0.61	
50000				46.2	204	0.61	
63000				54.6	245	0.56	

注 1. -5%分接位置为最大电流分接。

2. 对于升压变压器，宜采用无分接结构，如运行有要求，可设置分接头。

2. 油浸变压器的过负荷能力

变压器具备一定短时过载能力，规划中考虑事故情况下变压器容量时，可利用变压器短时过负荷能力。依据《电力变压器运行规程》(DL/T 572—2010)，正常运行方式及事故情况下的过负荷能力如下：

（1）正常运行方式下允许的过负荷。高峰负荷时，变压器正常允许的过负荷时间见表 2-12。

表 2-12　　　　　　　　　　变压器正常允许的过负荷时间　　　　　　　　单位：h

过负荷倍数	过负荷前上层油层温/℃						
	17	22	28	33	39	44	50
1.05	5.50	5.25	4.50	4.00	3.00	1.30	
1.10	3.50	3.25	2.50	2.10	1.25	0.10	
1.15	2.50	2.25	1.50	1.20	0.25		
1.20	2.05	1.40	1.15	0.45			
1.30	1.10	0.50	0.30				
1.35	0.55	0.35	0.15				
1.40	0.40	0.25					
1.45	0.25	0.10					
1.50	0.15						

（2）事故时允许的过负荷。事故时，变压器事故允许的过负荷能力见表 2-13。

表 2-13　　　　　　　　　变压器事故允许的过负荷能力

过负荷倍数		1.3	1.6	1.75	2.0	2.4	3.0
允许时间	户内	60min	15min	8min	4min	2min	50s
	户外	120min	45min	20min	10min	3min	1.5s

（3）冷却系统故障时，变压器允许的过负荷。油浸风冷变压器，当冷却系统发生事故而切除全部风扇时，允许带额定负荷运行的时间不超过表 2-14 所规定的数值。

表 2-14　　　　　　　风扇切除时，变压器允许的过负荷能力

环境温度/℃	-15	-10	0	+10	+20	+30
额定负荷下允许的最长时间/h	60	40	16	10	6	4

强迫油循环风冷及强迫油循环水冷的变压器，当事故切除冷却系统时（对强迫油循环风冷指停止风扇及油泵，对强迫油循环水冷指停止水泵及油泵），在额定负荷下允许的运行时间为：容量为 125MVA 及以下者为 20min；容量为 125MVA 以上者为 10min。

按上述规定，油面温度尚未达到 75℃时，允许继续运行，直到油面温度上升到 75℃ 为止。

2.1.2　架空线路

35～110kV 常用架空线路包括铝绞线（符号 LJ）、钢芯铝绞线（符号 LGJ）、轻型钢芯铝绞线（符号 LGJQ）以及加强型钢芯铝绞线（符号 LGJJ）等。10kV 架空线路一般采用钢芯铝绞线（符号 LGJ）和绝缘铝导线（符号 JKLYJ-10）。低压架容线路一般采用绝缘铝导线（符号 JKLYJ-1），在空间紧张地区可采用集束导线（不用于主干线路）。

架空绝缘导线有铝芯和铜芯两种。在配电网中，铝芯应用较多，主要是铝材较轻，且价格较低，对线路连接件和支持件的要求也较低；铜芯线主要是作为变压器及开关设备的引下线。绝缘导线主要应用于多树木地方、多飞飘金属灰尘及多污染地区、盐雾地区及多雷电地区等，主要包括钢芯铝交联聚乙烯绝缘架空电缆（JKLGYJ）、铜芯交联聚乙烯绝缘架空电缆（JKYJ）以及软铜芯交联聚乙烯绝缘架空电缆（JKTRYJ）等铜芯线主要用于变压器下引线。

1. 架空线路极限输送容量

在设计中不应使预期的输送容量超过导线发热所能允许的数值。

$$W_{max}=\sqrt{3}U_e I_{max}$$

式中：W_{max}为极限输送容量，MVA；U_e为线路额定电压（如已知线路实际电压 U 不等于额定电压 U_e 时，式中应采用 U），kV；I_{max}为导线持续允许电流，kA。

钢芯铝绞线长期允许载流量见表 2－15。

表 2－15　　　　　钢芯铝绞线长期允许载流量　　　　　单位：A

导线型号	最高允许温度/℃		导线型号	最高允许温度/℃	
	+70	+80		+70	+80
LGJ－10		86	LGJ－25	130	138
LGJ－16	105	108	LGJ－35	175	183
LGJ－50	210	215	LGJQ－240	605	651
LGJ－70	265	260	LGJQ－300	690	708
LGJ－95	330	352	LGJQ－300（1）		721
LGJ－95（1）		317	LGJQ－400	825	836
LGJ－120	380	401	LGJQ－400（1）		857
LGJ－120（1）		351	LGJQ－500	945	932
LGJ－150	445	452	LGJQ－600	1050	1047
LGJ－185	510	531	LGJQ－700	1220	1159
LGJ－240	610	613	LGJJ－150	450	468
LGJ－300	690	755	LGJJ－185	515	539
LGJ－400	835	840	LGJJ－240	610	639
LGJQ－150	450	455	LGJJ－300	705	758
LGJQ－1	505	518	LGJJ－400	850	881

注 1. 最高允许温度＋70℃的载流量，引自《高压送电线路设计手册》，基准环境温度为＋25℃，无日照。
2. 最高允许温度＋80℃的载流量，系按基准环境温度为＋25℃、日照 0.1W/cm²、风速 0.5m/s、海拔 1000m、辐射散热系数及吸热系数为 0.5 条件计算的。
3. 某些导线有两种绞合结构，带（1）者铝芯根数少（LGJ 型为 7 根，LGJQ 型为 24 根），但每根铝芯截面较大。

当周围环境温度不同时，应乘以修正系数，温度修正系数见表 2－16。表中周围环境温度应采用最高气温月的平均气温，由当地气象资料整理得出。

表 2-16			温 度 修 正 系 数				
周围环境温度/℃	10	15	20	25	30	35	40
修正系数	1.15	1.11	1.05	1	0.94	0.88	0.81

2. 架空线路经济输送容量

线路的经济输送容量（MVA）按经济电流密度计算求得。导线的经济电流密度见表 2-17。

表 2-17　　　　　　　　　　　经 济 电 流 密 度 表　　　　　　　单位：A/mm²

导线材料	最大负荷利用小时数 T_{max}		
	<3000	3000～5000	>5000
铝线	1.65	1.15	0.9
铜线	3	2.25	1.75

常用的钢芯铝绞线的经济输送容量（MVA）详见表 2-18 至表 2-20。$J=1.65$（A/mm²）线路经济输送容量（MVA）见表 2-18。$J=1.15$（A/mm²）线路经济输送容量（MVA）见表 2-19。$J=0.9$（A/mm²）线路经济输送容量（MVA）见表 2-20。

表 2-18　　　　　　$J=1.65$（A/mm²）线路经济输送容量　　　　单位：MVA

导线型号	电　　　压/kV			
	10	35	66	110
LGJ-35	1.0	3.5	6.6	11.0
LGJ-50	1.4	5.0	9.4	15.7
LGJ-70	2.0	7.0	13.2	22.0
LGJ-95	2.7	9.5	17.9	29.9
LGJ-120	3.4	12.0	22.6	37.7
LGJ-150	4.3	15.0	28.3	47.2
LGJ-185	5.3	18.5	34.9	58.2
LGJ-240	6.9	24.0	45.3	75.4
LGJ-300	8.6	30.0	56.6	94.3
LGJ-400	11.4	40.0	75.4	125.7
LGJ-500	14.3	50.0	94.3	157.2

表 2-19　　　　　　$J=1.15$（A/mm²）线路经济输送容量　　　　单位：MVA

导线型号	电　　　压/kV			
	10	35	66	110
LGJ-35	0.7	2.4	4.6	7.7
LGJ-50	1.0	3.5	6.6	11.0
LGJ-70	1.4	4.9	9.2	15.3

续表

导线型号	电　　压/kV			
	10	35	66	110
LGJ－95	1.9	6.6	12.5	20.8
LGJ－120	2.4	8.4	15.8	26.3
LGJ－150	3.0	10.5	19.7	32.9
LGJ－185	3.7	12.9	24.3	40.5
LGJ－240	4.8	16.7	31.6	52.6
LGJ－300	6.0	20.9	39.4	65.7
LGJ－400	8.0	27.9	52.6	87.6
LGJ－500	10.0	34.9	65.7	109.6
LGJQ－240×2	12.0	41.8	78.9	131.5
LGJQ－300×2	9.6	33.5	63.1	105.2
LGJQ－400×2	12.0	41.8	78.9	131.5

表 2－20　　　　　$J=0.9$（A/mm²）线路经济输送容量　　　单位：MVA

导线型号	电　　压/kV			
	10	35	66	110
LGJ－35	0.5	1.9	3.6	6.0
LGJ－50	0.8	2.7	5.1	8.6
LGJ－70	1.1	3.8	7.2	12.0
LGJ－95	1.5	5.2	9.8	16.3
LGJ－120	1.9	6.5	12.3	20.6
LGJ－150	2.3	8.2	15.4	25.7
LGJ－185	2.9	10.1	19.0	31.7
LGJ－240	3.7	13.1	24.7	41.2
LGJ－300	4.7	16.4	30.9	51.4
LGJ－400	6.2	21.8	41.2	68.6
LGJ－500	7.8	27.3	51.4	85.7
LGJ－600	9.4	32.7	61.7	102.9
LGJQ－240×2	7.5	26.2	49.4	82.3
LGJQ－300×2	9.4	32.7	61.7	102.9
LGJQ－400×2	12.5	43.6	82.3	137.2

架空线路的导线截面选用原则：架空线路的导线截面选用原则是经济性能好、载荷供电距离合理以及网损小，并通过经济输送容量和极限输送容量互为校核的方式确定。

3. 架空线路路径选择的基本原则

选出的路径既要满足送电线路对周围建筑物间的距离要求，又要满足对通信线干扰影响等要求。线路路径原则上应与区域规划相结合，避免大拆大建，重复投资。道路和河道均要预留有架空线走廊或电缆通道。线路路径坚持沿河、沿路、沿海的"三沿"原则，路径要短直；尽量减少同道路、河流、铁路等的交叉，尽量避免跨越建筑物，对架空电力线路跨越或接近建筑物的距离，应符合国家规范的安全要求。

4. 路径选择的基本步骤

输电线路的路径选择一般分两个阶段进行，即初勘选线和终勘选线。在规划阶段，一般采用初勘选线的结果。初勘选线有 3 个阶段：图上选线、收集资料和现场初勘。

（1）图上选线：在大比例尺寸的地形图（1∶50000 或更大比例）上进行选线。在图上标出起讫点和必经点，综合考虑各种条件，提出备选方案。

（2）收集资料：按图上选定的路径，向有关部门（邻近或交叉设施的主管部门）征求意见，签订协议。

（3）现场初勘：验证图上方案是否符合实际，对建筑物密集地段进行初测。这一过程中还要注意特殊杆位能否立杆。

最后通过技术经济比较确定一个合理方案。

5. 架空线路架设方式

（1）架设方式。架设方式分为钢管杆、铁塔和水泥杆三种主要方式。

1）钢管杆：钢管杆一般用于 10kV、35kV 和 110(66)kV 电压等级架空线路，适用于城市高负荷密度地区、环境景观要求较高以及线路路径走廊十分困难的地区。

2）铁塔：铁塔一般用于 35kV、110(66)kV 电压等级架空线路，适用于对线路走廊无特殊要求的地区，应用最为广泛。

3）水泥杆：水泥杆一般用于 10kV、35kV 架空线路。

（2）架空配电线路敷设的一般要求。此处只介绍规划阶段需要考虑的线路敷设相关要求，具体包括：

1）架空线路应沿道路平行敷设，宜避免通过各种起重机活动频繁地区和各种露天堆场。

2）尽量减少与道路、铁路、河流、房屋以及其他架空线路的交叉跨越，不可避免的跨越点需适当提高建设标准。

3）规划阶段，要充分考虑工程设计和施工阶段架空线路的导线与建筑物之间的距离以及架空线路的导线与街道行道树间的距离。

4）架空线路与铁路、道路、通航河流、管道、索道及各种架空线路交叉或接近时，规划阶段要充分考虑下一阶段设计的要求。

2.1.3 电力电缆

1. 电力电缆的分类

电力电缆根据不同用途可分为高压自容式充油电力电缆、橡皮和聚氯乙烯绝缘以及交联聚乙烯绝缘电缆等。其中：

（1）高压自容式充油电力电缆。高压自容式充油电力电缆具有耐电压强度高、性能稳定以及使用寿命长等优点，一般在110kV变电装置中及城市、机场供电系统中被广泛应用。

（2）橡皮和聚氯乙烯（PVC）绝缘电力电缆。橡皮和聚氯乙烯（PVC）绝缘电力电缆主要用于固定敷设交流50Hz、额定电压6kV及以下输配电线路。聚氯乙烯电缆具有耐酸、耐碱、耐盐和化学腐蚀等性能。

（3）交联聚乙烯绝缘电力电缆。交联聚乙烯绝缘电力电缆是利用化学或物理方法，使聚乙烯分子由直链状线型分子结构变为三度空间网状结构。交联后，大幅度提高了机械性能、热老化性能和耐环境应力的能力，使电缆具有优良的电气性能和耐化学腐蚀性，结构简单，使用方便，外径小，质量轻，不受敷设落差限制。交联聚乙烯绝缘电缆的长期使用使得工作温度较纸绝缘电缆和聚氯乙烯绝缘电缆高，且载流量大。适用于交流50Hz、额定电压1～110kV输配电系统中，并可逐步取代常规的纸绝缘电力电缆。

电缆线芯允许的长期工作温度为：铜、铝导体应不超过90℃，金属屏蔽导体应不超过80℃，短路时铜、铝导体不应超过250℃，金属屏蔽导体应不超过300℃。对于存在较大短路电流的电网，选择该电缆时，应考虑到电缆具有足够的短路容量，电缆的允许短路电流 I_k 按下式计算：

$$I_k = \frac{k}{\sqrt{t}}S$$

式中：I_k 为允许短路电流，kA；t 为短路时间，s；S 为导体、金属屏蔽导体的标称截面，mm^2；k 为不同材料对应系数，铝导体 k 为0.095，铜导体 k 为0.143，金属屏蔽导体 k 为0.2。

（4）乙丙绝缘电力电缆：乙丙绝缘电力电缆主要用于发电厂、核电站、地下铁道、高层建筑以及石油化工等有阻燃防火要求的场合，作输配电能用。

2. 电力电缆型号

常用电力电缆代号及含义见表2-21。

表 2-21   常用电力电缆代号及含义

导体代号	绝缘代号	电缆特征	内护层代号	外护层代号	
L—铝 T—铜（T一般不写）	Z—纸绝缘 X—橡皮绝缘 V—聚氯乙烯（PVC）绝缘 Y—聚乙烯（PE）绝缘 YJ—交联聚乙烯（XLPE）绝缘 ZR—乙丙绝缘	F—分相 D—不滴流 CY—充油	Q—铅包 L—铝包 V—聚氯乙烯护套	02—PVC外护套 03—PE外护套 20—裸钢带铠装 22—钢带铠装PVC护套 23—钢带铠装、PE护套 30—裸细钢丝铠装 32—细钢丝铠装、PVC护套 33—细钢丝铠装、PE护套 42—粗钢丝铠装、PVC护套	43—粗钢丝铠装、PE护套 441—双粗钢丝铠装、纤维外被 241—钢带、钢丝铠装、纤维外被 2441—钢带、双粗铜丝铠装、纤维外被

10kV 电力电缆线路一般选用三芯电缆，10kV 电缆型号、名称及其适用范围见表 2-22。

表 2-22　　　　　10kV 电缆型号、名称及其适用范围

型号		名称	适用范围
铜芯	铝芯		
YJV	YJLV	交联聚乙烯绝缘聚氯乙烯护套电力电缆	敷设在室内外、隧道内需固定在托架上，排管中或电缆沟中以及松散土壤中直埋，能承受一定牵引拉力但不能承受机械外力作用
YJY22	—	交联聚乙烯绝缘钢带铠装聚乙烯护套电力电缆	可土壤直埋敷设，能承受机械外力作用，但不能承受大的拉力
YJV22	YJLV22	交联聚乙烯绝缘钢带铠装聚氯乙烯护套电力电缆	同 YJY22 型

10kV 电缆绝缘屏蔽、铠装、外护层选择见表 2-23。

表 2-23　　　　　10kV 电缆绝缘屏蔽、铠装、外护层选择

敷设方式	绝缘屏蔽或金属护套	加强层或铠装	外护层
直埋	软铜线或铜带	铠装（3 芯）	聚氯乙烯或聚乙烯
排管、电缆沟、电缆隧道、电缆工作井	软铜线或铜带	铠装/无铠装（3 芯）	

在潮湿、易受化学腐蚀或易受水浸泡的环境中的电缆，宜选用聚乙烯等类型材料的外护层；在保护管中的电缆，应具有挤塑外护层；在电缆夹层、电缆沟、电缆隧道等防火要求高的场所宜采用阻燃外护层，根据防火要求选择相应的阻燃等级；有白蚁危害的场所应采用金属铠装，或在非金属外护套外采用防白蚁护层；有鼠害的场所宜采用金属铠装，或采用硬质护层；有化学溶液污染的场所应按其化学成分采用相应材质的外护层。

3. 电缆截面选择

(1) 导体最高允许温度选择见表 2-24。

(2) 电缆导体最小截面的选择，应同时满足规划载流量和通过可能的最大短路电流时热稳定的要求。

表 2-24　导体最高允许温度选择

绝缘类型	最高允许温度/℃	
	持续工作	短路暂态
交联聚乙烯	90	250

(3) 连接回路在最大工作电流作用下的电压降，不得超过该回路允许值。

(4) 电缆导体截面的选择应结合敷设环境来考虑，10kV 常用电缆可根据 10kV 交联电缆载流量，结合不同环境温度、不同管材热阻系数、不同土壤热阻系数及多根电缆并行敷设时等各种载流量校正系数来综合计算。10kV 交联电缆载流量见表 2-25。10kV 电缆在不同环境温度时的载流量校正系数见表 2-26。不同土壤热阻系数时 10kV 电缆载流量的校正系数见表 2-27。土中直埋多根并行敷设时电缆载流量的校正系数见表 2-28。空气中单层多根并行敷设时电缆载流量的校正系数见表 2-29。

(5) 多根电缆并联时，各电缆应等长，并采用相同材质和相同截面的导体。

表 2-25   10kV 交 联 电 缆 载 流 量

绝缘类型		交 联 聚 乙 烯			
钢铠护套		无		有	
缆芯最高工作温度/℃		90			
敷设方式		空气中	直埋	空气中	直埋
缆芯截面 /mm²	35	123	110	123	105
	70	178	152	173	152
	95	219	182	214	182
	120	251	205	246	205
	150	283	223	278	219
	185	324	252	320	247
	240	378	292	373	292
	300	433	332	428	328
	400	506	378	501	374
环境温度/℃		40	25	40	25
土壤热阻系数/(℃·m/W)		—	2.0	—	2.0

注 1. 适用于铝芯电缆,铜芯电缆的允许载流量值可乘以 1.29。
   2. 缆芯工作温度大于 90℃时,计算持续允许载流量时,应符合下列规定:
   (1) 数量较多的该类电缆敷设于未装机械通风的隧道、竖井时,应计入对环境温升的影响。
   (2) 电缆直埋敷设在干燥或潮湿土壤中,除实施换土处理能避免水分迁移的情况外,土壤热阻系数取值不小于 2.0℃·m/W。
   (3) 对于 1000m<海拔高度≤4000m 的高海拔地区,每增高 100m,气压约降低 0.8~1kPa,应充分考虑海拔高度对电缆允许载流量的影响,建议结合实际条件进行相应折算。

表 2-26   10kV 电缆在不同环境温度时的载流量校正系数

环境温度 /℃		空 气 中				土 壤 中			
		30	35	40	45	20	25	30	35
缆芯最高 工作温度 /℃	60	1.22	1.11	1.0	0.86	1.07	1.0	0.93	0.85
	65	1.18	1.09	1.0	0.89	1.06	1.0	0.94	0.87
	70	1.15	1.08	1.0	0.91	1.05	1.0	0.94	0.88
	80	1.11	1.06	1.0	0.93	1.04	1.0	0.95	0.90
	90	1.09	1.05	1.0	0.94	1.04	1.0	0.96	0.92

表 2-27   不同土壤热阻系数时 10kV 电缆载流量的校正系数

土壤热阻系数/(℃·m/W)	分类特征(土壤特性和雨量)	校正系数
0.8	土壤很潮湿,经常下雨。如湿度大于 9%的沙土;湿度大于 10%的沙—泥土等	1.05

土壤热阻系数/(℃·m/W)	分类特征（土壤特性和雨量）	校正系数
1.2	土壤潮湿，规律性下雨。如湿度大于7%但小于9%的沙土；湿度为12%～14%的沙—泥土等	1.0
1.5	土壤较干燥，雨量不大。如湿度为8%～12%的沙—泥土等	0.93
2.0	土壤干燥，少雨。如湿度大于4%但小于7%的沙土；湿度为4%～8%的沙—泥土等	0.87
3.0	多石地层，非常干燥。如湿度小于4%的沙土等	0.75

表 2-28　　土中直埋多根并行敷设时电缆载流量的校正系数

根　数		1	2	3	4	5	6
电缆之间净距/mm	100	1	0.9	0.85	0.80	0.78	0.75
	200	1	0.92	0.87	0.84	0.82	0.81
	300	1	0.93	0.9	0.87	0.86	0.85

表 2-29　　空气中单层多根并行敷设时电缆载流量的校正系数

并列根数		1	2	3	4	5	6
电缆中心距	$s=d$	1.00	0.90	0.85	0.82	0.81	0.80
	$s=2d$	1.00	1.00	0.98	0.95	0.93	0.90
	$s=3d$	1.00	1.00	1.00	0.98	0.97	0.96

注　s 为电缆中心间距离，d 为电缆外径；本表按全部电缆具有相同外径条件制订，当并列敷设时的电缆外径不同时，d 值可近似地取电缆外径的平均值。

4. 电缆线路敷设方式选择

敷设方式分为直埋、电缆沟道、排管、隧道及水下等五种主要方式。

（1）直埋方式最经济简便，适用于人行道、公园绿化地带及公共建筑间的边缘地带，同路径敷设电缆条数在 4 条及以下时宜优先采用此方式。

（2）电缆沟道敷设方式，适用电缆不能直接埋入地下且地面无机动负载的通道。电缆沟可根据实际情况按照双侧支架或单侧支架建设，电缆沟一般采用明沟盖板，当需要封闭时应考虑电缆敷设及管理的方便。沟道排水应顺畅且不积水。

（3）排管敷设方式，适用于地面有机动负载的通道。主干排管的内径不应少于 $150mm^2$。排管选用应满足散热及耐压要求。

（4）隧道敷设方式，适用于变电站出线端及重要的市区街道、电缆条数多或各种电压等级电缆平行的地段。隧道应在变电站选址及建设时统一考虑。

（5）水下敷设方式，适用于无陆上通道或陆上通道经济性差的跨江、湖及海等。

5. 电缆线路敷设的一般要求

下面只介绍规划阶段需要考虑的电缆敷设相关要求，具体包括：

（1）电缆敷设方式应根据工程条件、环境特点和电缆类型、数量等因素，按照满足运行可靠、便于维护以及技术经济合理的原则进行选择。

（2）电缆路径选择时，应充分考虑敷设转向时，电缆走廊构筑物允许的弯曲半径。新建电缆通道时，尽量利用道路两侧的绿化带或人行道，避免开挖机动车道影响交通。考虑到其他中低压线路的敷设，城市中心区内新建或改建的道路应预留一定孔数的电缆通道。

（3）规划各电压等级电缆共用通道时，应充分考虑布置方式对资源占用以及散热对输送能力的影响。

2.2 10kV 配电网设备

2.2.1 10kV 配电变压器

配电变压器按绝缘介质可分为油浸式变压器（以下简称为"油变"）和干式变压器（以下简称为"干变"）；按调压方式可分为无励磁调压变压器和有载调压变压器。

1. 常用容量及主要技术参数

10kV 全密封油浸式变压器容量采用 10kVA、30kVA、50kVA、100kVA、200kVA、315kVA、400kVA、500kVA、630kVA、1250kVA。

10kV 非晶合金变压器容量采用 100kVA、200kVA、315kVA、400kVA、500kVA、630kVA。

10kV 干式变压器容量采用 30kVA、50kVA、315kVA、400kVA、500kVA、630kVA、800kVA、1000kVA、1250kVA、1600kVA、2000kVA。其中，10kV 非晶合金变压器容量采用 100kVA、200kVA、315kVA、500kVA、630kVA。

2. 选型原则

配电变压器的选型以变压器整体的可靠性为基础，综合考虑技术参数的先进性和合理性，结合损耗评价结果，提出技术经济指标。同时还要考虑可能对系统安全运行、运输和安装空间等方面的影响。

（1）柱上三相油变容量选择不超过 400kVA；独立建筑配电室内的单台油浸变压器容量不大于 630kVA。

（2）单台干式变压器容量不超过 800kVA，并采取减振、降噪及屏蔽等措施。

（3）城区或供电半径较小地区的变压器额定变比采用 10.5kV±5(2×2.5)%/0.4kV 或 10.5kV(−3+1)×2.5%/0.4kV，郊区或供电半径较大、布置在线路末端地区的变压器额定变比采用 10kV±5(2×2.5)%/0.4kV。

（4）在非噪声敏感区且平均负载率低、轻（空）载运行时间长的供电区域，如房地产项目，应优先采用非晶合金配电变压器供电。

（5）在城市间歇性供电区域或其他周期性负荷变化较大的供电区域，如城市路灯照明、小型工业园区的企业、季节性灌溉等用电负荷，应结合安装环境优先采用有载调容配电变压器供电。

（6）在日间负荷峰谷变化大或电压要求较高的供电区域，应结合安装环境优先采用有载调压配电变压器供电。变压器应选用高效节能环保型（低损耗低噪声）产品，如另有要求，应由用户与制造厂协商，并在合同中规定。

3. 适用条件

10～400kVA 油浸式配电变压器一般适用于户外柱上安装；10～200kVA 小容量配电变压器一般适用于农村等地区；100～400kVA 变压器一般适用于城乡结合及无法新建配电室及箱式变电站的老城区等地区。独立户内配电室可采用油浸式变压器，油浸式变压器安装于配电室时，配电室须是地上一层的独立建筑物，每台油浸式变压器单独占用变压器室，变压器室需考虑变压器通风、散热与防火要求。在农业灌溉或周期性负荷波动且用电量变化较大的用电区域，在经济技术比较后，宜优先考虑有载调容变压器。

30～50kVA 干式变压器适用安装于开闭所等配电建筑物内，作为所用电源为自动化装置、环境检测系统及照明通风设备供电。

315～2000kVA 干式配电变压器适用安装于公共建筑物及非独立式建筑物内，安装时需要考虑变压器的防火、通风、散热要求及噪声对周边环境的影响。

2.2.2 10kV 开关站

开关站是设有 10kV 配电进出线、对功率进行再分配的配电设施，实现对变电站母线的扩展和延伸。通过建设开关站，一方面能够解决变电站进出线间隔有限或进出线走廊受限的问题，发挥电源支撑的作用；另一方面能够解决变电站 10kV 出线开关数量不足的问题，充分利用电缆设备容量，减少相同路径的电缆条数，使馈电线路多分割、小区段，提高互供能力及供电可靠性，为客户提供可靠的电源。

开关站的设置标准有三个：一是宜建于负荷中心区，一般配置双电源，分别取自不同变电站或同一座变电站的不同母线；二是开关站接线应简化，一般采用单母线分段接线，双路电源进线，馈电出线为 6～12 路，出线断路器带保护；三是开关站设计应满足配电自动化要求，并留有发展余地。

住宅小区开关站的设置依据建设规模和负荷情况确定，原则上新建住宅小区建设规模在 10 万 m² 及以下的配套设置一座 10(20)kV 开关站，新建住宅小区建设规模在 10 万 m² 以上的需按每 10 万 m² 配套设置一座 10(20)kV 开关站的标准进行配置。

2.2.3 10kV 柱上变压器

1. 柱上变压器的设置原则

柱上变压器为安装在电杆上的户外式配电变压器。柱上配电变压器应按"小容量、密布点、短半径"的原则配置，应尽量靠近负荷中心安装，也可根据需要采用单相变压器。柱上变压器的设置应满足两个原则：一是满足市政规划的要求；二是满足区域内负荷水平较低（一般配变容量不大于 400kVA）的要求。

2. 柱上变压器的设置标准

三相柱上变压器常用容量序列为 30kVA、50kVA、100kVA、160kVA、200kVA、315kVA、400kVA。单相柱上变压器容量序列为 10kVA、30kVA、50kVA、80kVA、

100kVA。配电变压器容量应根据负荷需要进行选取，不同类型供电区域的柱上变压器容量选取见表 2-30。

2.2.4 10kV 配电室

配电室（distribution room）也称配电房，带有低压负荷的室内配电场所称为配电室，主要为低压用户配送电能，设有中压进线（可有少量出线）、配电变压器和低压配电装置。

表 2-30 柱上变压器容量选取 单位：kVA

负荷密度	三相柱上变压器容量	单相柱上变压器容量
A、B、C 类	≤400	≤100
D 类	≤315	≤50
E 类	≤100	≤30

1. 配电室的建设原则

配电室分为用户配电室和小区配电室。其中，用户配电室主要针对非居民用户，由用户自行运行维护，适用于 10kV 用户；小区配电室主用要针对居民用户，由电力公司运行维护。

2. 配电室的建设要求

配电室适用于住宅群和市区，设置时应靠近负荷中心，宜采用高压供电到楼的方式。配电室的建设应符合以下几个要求：

（1）配电室一般独立建设。在繁华市区和城市建设用地紧张地段，为减少占地，并与周围建筑相协调，可结合开关站共同建设。

（2）配电变压器宜选用干式变压器，并采取屏蔽、减振和防潮措施。

（3）配电室原则上设置在地面以上，受条件所限必须进楼时，可设置在地下一层，但不宜设置在最底层。

（4）对于超高层住宅，为了确保供电半径符合要求，必要时配电室应分层设置，除底层和地下层外，可根据负荷分布分设在顶层、避难层以及机房层等处。

（5）新建居住区配电室应根据规划负荷水平配套建设，按"小容量、多布点"的原则设置，不提倡大容量、集中供电方式，宜根据供电半径分散设置独立配电室。

3. 配电室的设置标准

（1）配电室一般配置双路电源，10kV 侧一般采用环网开关，220/380V 侧为单母线分段接线。变压器接线组别一般采用 Dyn11，单台容量不宜超过 1000kVA。

（2）小区居民住宅采用集中供电的配电室供电时，每个小区配电室供电的建筑面积不应超过 5 万 m^2。

（3）现有小区配电变压器应随负荷增长，向缩小低压供电半径的方向改造。

4. 配电室的设备配置

（1）高压开关柜一般采用负荷开关柜或断路器柜，主变压器出线回路采用负荷开关加熔断器组合柜。

（2）0.38kV 开关柜可采用固定式低压成套柜和抽屉式低压成套柜。

（3）配电室宜采用绝缘干式变压器，不宜采用非包封绝缘产品（独立户内式配电室可采用油浸式变压器；大楼建筑物非独立式站或地下式配电室内变压器应采用干式变压器）。

配电室应留有配网自动化接口。

（4）配网自动化装置具有电气量的转接功能，通过通信装置与中心站沟通，传送和执行负荷开关遥控、位置状态遥信、电流电压遥测等功能，同时还可以传输辅助信号。

2.2.5　10kV 箱式变电站

箱式变电站（cabinet/pad‐mounted distribution substation）是将 10kV 开关、配电变压器以及 380/220V 配电装置等设备按照一定接线方案组合成一体，共同安装于一个封闭箱体内的成套户外配电装置，也称预装式变电站或组合式变电站。与常规的土建变电站相比，箱式变电站具有占地面积小、现场安装工作量少、安装周期短、可以自由移动、减少线路损耗以及投资少等优点。

箱式变电站可以分为欧式箱式变电站和美式箱式变电站，欧式箱式变电站采用品字形或目字形；美式箱式变电站采用共箱式品字形。品字形结构正前方设置高压室和低压室，后方设置变压器室；目字形结构两侧设置高压室和低压室，中间设置变压器室。从体积上看，欧式箱式变电站由于内部安装常规开关柜及变压器，产品体积较大；美式箱式变电站由于采用一体化安装，因此体积较小。

1. 箱式变电站的建设要求

箱式变电站一般用于配电室建设改造困难的情况，如架空线路入地改造地区和配电室无法扩容改造的场所，以及施工用电、临时用电等，其单台变压器容量美式不宜超过500kVA，欧式不宜超过 630kVA。

2. 箱式变电站的设置标准

箱式变电站一般采用终端方式运行，也可采用单环网接线和开环方式运行。主变压器采用 S13 型及以上全密封油浸式三相变压器或非晶合金变压器，联结组别宜采用 Dyn11，容量为 200kVA、315kVA、400kVA、500kVA、630kVA。10kV 侧美式采用线变组接线方式；欧式采用单母线接线方式。0.38kV 侧全部采用单母线接线方式。欧式箱式变电站高压开关单元一般采用 SF$_6$ 负荷开关柜或充气柜，主变压器高压侧出线开关采用负荷开关加熔断器组合电器，配置电缆故障指示器。美式箱式变电站的高压侧采用四工位负荷开关（环网型）或二工位负荷开关（终端型），变压器带两极熔断器保护，进出线电缆头处均应配备带电显示器。电容无功补偿宜布置在箱体内，补偿容量按照变压器容量的10%～30%进行配置。箱式变电站 10kV 进出线应加装接地及短路故障指示器，可根据电网需求安装配电自动化终端。

2.2.6　10kV 环网柜

环网柜（ring main unit cabinet）安装于户外，由多面环网柜组成，有外箱壳防护，用于中压电缆线路环进环出及分接负荷，且不含配电变压器的配电设施。

1. 环网柜的分类

环网柜按使用场所可分为户内、户外两种。一般户内环网柜采用间隔式，称为环网柜；户外环网柜采用组合式，称为箱式开闭所或户外环网单元。

2. 选型原则

环网柜中的断路器应采用真空开关，环网柜中的负荷开关可采用真空或气体灭弧开关，绝缘介质可采用空气、气体或固体材料。环网柜宜优先采用环保型开关设备。环网柜宜优先选用可扩展型，环网单元宜优先选用共箱型。开关类型可根据需求选用，宜采用负荷开关，在线路适当位置可采用断路器。馈线单元可采用负荷开关、断路器或负荷开关-熔断器组合电器。变压器单元保护一般采用负荷开关-熔断器组合电器，出线单元接入变压器总容量超过 800kVA 时宜配置断路器及继电保护。母联分段柜选用断路器，当无继电保护和自动装置要求时，也可选用三工位负荷开关。

环网单元选型原则除了遵循环网柜选型原则外还应遵循以下几点：

(1) 安装在由 10kV 电缆单环网或单射线接入的用户产权分界点处的环网单元，宜具有自动隔离用户内部相间及接地故障的功能。

(2) 环网单元处于高潮湿场所时，应加大元件的爬电比距，在箱内加装温湿度自动控制器，应用全绝缘、全封闭及防凝露等技术。

2.2.7 10kV 柱上断路器

柱上断路器是安装于电杆上操作的断路器。按灭弧介质可分为空气绝缘、SF_6 绝缘和油绝缘；按操作机构可分为永磁操作机构与弹簧操作机构；按套管材质可分为复合材料套管与瓷套管。主要作用是当负荷侧设备或线路发生相间短路等故障时，及时断开故障点控制停电范围，提高故障点前端的供电可靠性。

选型原则：用于配电线路大分支或用户的投切、控制和保护，应优先选择技术成熟、工艺可靠的 12kV 柱上断路器。12kV 柱上断路器的选型原则按《高压交流断路器》(GB 1984—2014) 中第 8 章中的规定执行。

2.2.8 10kV 线路调压器

10kV 配电线路调压器是一种串联在 10kV 配电线路中，通过自动调节自身变比来实现动态稳定线路电压的装置，由三相自耦变压器、三相有载分接开关及控制器等构成，分为单向调压器和双向调压器两种类型，以下简称调压器。

1. 调压器选用一般原则

调压器串联在线路中不宜过负荷运行，选用调压器技术参数，应以调压器整体的可靠性为基础，综合考虑技术参数的先进性和合理性，提出技术经济指标。同时还要考虑对系统安全运行、运输和安装空间方面的影响。

2. 配置原则

调压器输入端应安装带隔离开关的柱上断路器和避雷器；输出端应安装避雷器和单相隔离开关；输入端与输出端之间宜安装带隔离开关的柱上断路器实现自动旁路功能，必要时亦可在输出端增加一台带隔离开关的柱上断路器。在缺少电源站点的地区，部分 10kV 架空线路过长，线路中、后端电压质量往往不能满足要求。即使采取增加无功补偿及改变线路参数等措施，仍不能解决电压质量问题，而在线路上加装线路调压器是一种较为有效的方式，在国外已普遍采用，近年来国内也取得了较为丰富的运行经验，线路调压器一般可配置在 10kV 架空线路的 1/2 处或 2/3 处。典型城市负荷密度及负荷指标见表 2-31。调压范围为 ±20% 的双向调压器技术参数见表 2-32。

表 2-31　　　　　　　　　　　典型城市负荷密度及负荷指标

调压器容量/kVA	调压范围	输入电压分接范围/%	输出电压/kV	空载损耗/W	负载损耗/W	空载电流/%	短路阻抗/%
1000	0%~+20%	$^{+0}_{-6}\times 3.33\%$	10	350	5260	0.0870	<0.9
2000				690	7030	0.0800	
4000				1080	11260	0.0600	

表 2-32　　　　　　　　　　调压范围为±20%的双向调压器技术参数

调压器容量/kVA	调压范围	输入电压分接范围/%	输出电压/kV	空载损耗/W	负载损耗/W	空载电流/%	短路阻抗/%
1000	±20%	±4×5%或±8×2.5%	11	660	5250	0.103	<0.9
2000				840	6130	0.095	
4000				1670	8280	0.085	

注　1. 特殊需求可在上述调压范围内选择。
　　2. 对一些负荷重、电压低的线路,采用一级调压不能满足要求时,可采用二级调压,即在一条线路上安装两台调压器。

2.2.9　10kV 架空线路

10kV 架空线路常用的导线有裸导线和绝缘电线。按导线的结构可分为单股、多股及空芯导线;按导线的使用材料分为铜电线、铝导线、钢芯铝导线、铝合金导线和钢导线等。送、配电架空线路采用多股裸导线,低压配电架空线路可使用单股裸铜导线。常用的裸导线有裸铜导线(TJ)、裸铝导线(LJ)、钢芯铝绞线(LGJ、LGJQ、LGJJ)、铝合金导线(HLJ)及钢导线(GJ)等。

2.2.10　多站融合开关站

多站融合开关站是在传统开关站的基础上,融合数据中心、5G 通信、北斗基站、充电站、分布式发电以及环境监测站等功能于一体的综合型开关站。"融合"即通过"多站"建设,业务上实现能源、信息通信及政务等领域的融合,服务主体上实现电网企业、通信运营商以及政府等的协同。多站融合以提高资源利用效率、促进业务跨界融合为目标,具备开放共享、深度协同的资源和数据服务能力。

2.3　配电网设备选择原则

配电网设备的选择应遵循设备全寿命周期管理理念,适应智能配电网发展,坚持安全可靠、经济实用原则。主要如下:

(1) 配电网设备的选择应遵循设备全寿命周期管理的理念。坚持安全可靠、经济实用的原则,采用技术成熟、少(免)维护、低损耗、节能环保、长寿命以及具备可扩展功能的设备,所选设备应通过入网检测。

(2) 配电网设备选型应遵循考虑地区差异的标准化原则。对于不同地区,应根据供电区域的类型、供电需求及环境条件来确定设备的配置标准。在供电可靠性要求较高、环境条件恶劣(如高海拔、高温、高寒、盐雾、污秽严重等)及灾害多发的区域,宜适当提高设备的配置标准。

（3）配电网设备应有较强的适应性。变压器容量、导线截面、开关遮断容量及设备的热稳定性应留有合理裕度，保证设备在故障、负荷波动或转供时满足运行要求。

（4）配电网设备选型应实现标准化、序列化。在同一供电地区，高压配电线路、主变压器、中压配电线路（主干线、分支线、次分支线）、配电变压器及低压线路的选型，应根据电网网络结构及负荷发展水平综合统一确定，并构成合理的序列。

（5）配电网设备选型和配置应适应智能配电网的发展要求。在计划实施配电自动化的规划区域内，应同步考虑配电自动化的建设需求，预留配电自动化设备接口。

（6）配电网设备建设形式应综合考虑可靠性、经济性及实施条件等因素确定。35kV及以上设备与10kV及以下设备因电压等级不同，设备绝缘及其他参数差别较大，各电压等级设备类型、尺寸及布置方式区别明显。

3 配电网规划体系与方法

3.1 配电网规划的目的特点与难点

配电网规划是指在分析和研究未来负荷增长情况以及配电网现状的基础上，设计一套系统建设改造的规划方案，解决现状电网存在的问题，达成建设目标。配电网规划是指导配电网发展的纲领性文件，是配电网建设、改造的依据，是电网规划的重要组成部分，也是城乡建设规划的重要组成部分。科学、合理的配电网规划设计可以最大限度地节约电网建设投资，提高电网运行的可靠性和经济性，满足电力用户的安全可靠用电，保障国民经济健康发展。

3.1.1 配电网规划的主要目的

配电网规划的主要目的在于：

明确配电网发展技术原则和建设标准；制定配电网近期、中期规划方案及远期规划目标，指导配电网建设；提出配电网电力设施布局所需的站址、廊道等资源需求，促进配电网与城乡发展规划协调发展。

3.1.2 配电网规划设计的特点

配电网资产规模大，直接面向用户，规划设计质量直接关系到整个电网企业的经济效益和广大电力用户安全可靠供电。由于配电网在电网中所处位置及承担的功能，规划设计具有以下特点：

（1）以满足电力用户可靠性为目标，兼顾地区差异化特点和电网建设的经济性。

（2）配电网规划要与上一级电网协调发展，满足用户接入及供电需求。

（3）应执行统一的技术原则和建设标准。

（4）应适应外部条件变化，与城乡电网建设相协调。

（5）应满足不同电力用户、分布式电源及电动汽车等多元负荷的发展。

（6）应适应外界条件复杂、建设周期要求短的特点。

3.1.3 配电网规划中的重点难点

随着形势发展和规划工作不断深入，规划所涉及的信息更为多元，处理方法愈加复杂。现阶段，电网规划中的重点难点主要包括：

1. 负荷预测

负荷预测是电网规划的基础，负荷发展水平是确定供电方案、选择电气设备的重要依据，关系到规划地区的电源开发、网络布局、网络连接方式、供电设备的装机容量以及电气设备参数的选择是否合理。预测结果过大会造成资金浪费；预测结果过小会阻碍电网进一步发展。

负荷预测技术发展至今，理论和模型已经很多，但仍存在不少问题：一是预测精度难以提高。由于无法事先确切全部掌握未来可能引起负荷发生变化的影响因素，采用数学模型很难体现到电力负荷的精确预测。二是计算的复杂性。许多预测方法需要迭代计算才能进行建模和预测，预测精度只提高一点，计算量则要成倍数级地增加。三是多元负荷及分布式电源等的出现，使得负荷不确定性和随机性增加。

2. 网架规划

合理的网架结构是电网安全及稳定的基础，可有效降低网络损耗、减少投放，可以通过优化配电网网架结构提升资源的有效利用，降低投资和维护费用，提高系统运行经济效益。网架规划是一个多约束、非线性及多目标的组合优化问题，可靠性和经济性是其主要规划目标。如何在规划中兼顾可靠性和经济性要求，在满足一定可靠性的前提下实现经济最优是需要深入研究的问题。此外，规划网架容易受自然环境及经济发展等因素影响，可落地性也同样不容忽视。

3. 项目优选及时序安排

配电网的投资往往只能满足建设有限项目的需要，对于大量待建项目需要优化选择。电网规划建设项目的优化决策实际上是资源分配的优化，如何以综合评判的结果为依据，应结合现状电网的实际情况，且考虑各项目的成本以及资金预算的约束条件，优化得到最佳的项目组合使其对电网的贡献最大。

4. 市场化下适应性与风险评估

常规的电网规划方案评估手段一般基于传统模式的大环境来考虑，对于电力市场化运营之后各个规划方案是否仍具备传统模式下的经济性、可靠性及适应性等考虑不多。随着电力市场改革向纵深推进，诸多不确定因素出现，对电网规划方案合理、全面的评估变得更为复杂与困难。

5. 技术经济评价

为了保证电网规划方案的技术先进性和财务可行性，对电网规划开展评价工作十分必要。作为国家或地区动力命脉的电网建设，必须以保证各项技术指标符合相关要求为前提。因此相应的各种技术限制在电网规划方案制订阶段就应当纳入考虑，而非通过电网规划方案技术经济评价来保证。对电网企业而言，考虑在满足技术限制的前提下，如何构建更为经济合理及技术先进的电网，对电网规划进行技术经济评价更加具有实际价值。

3.2 配电网规划总体原则

配电网规划作为公司战略的落脚点和基建投资计划的基础，将公司的发展战略及当地政府的发展需求凝练成具体的规划重点方向，引领项目方案制定。配电网规划设计应与地方国民经济和社会发展规划、城乡总体规划、土地利用规划、控制性详细规划、修建性详细规划及电力设施布局规划等相协调，保证配电网项目与政府各项规划无缝衔接，实现多规合一，保证配电网项目的顺利实施。

3.2.1 配电网规划设计要求

配电网应向用户提供充足、可靠和优质的电能，具备经济性、可靠性和灵活性。配电网规划设计应贯彻"标准化""差异化""精益化"要求，依据统一技术标准要求，紧扣供电可靠性，贯彻电网本质安全及资产全寿命周期管理等理念，通过网格化构建目标网架，分解和优选项目，实现配电网精准投资和项目精益管理。配电网规划设计应满足以下要求：

（1）提高供电能力，在规划期内应解决配电网存在的薄弱环节，满足新增负荷的需求。

（2）满足供电安全准则规定的电网供电安全要求。

（3）提供给电力用户的电能质量应符合国家相关标准。

（4）持续提高供电可靠性。

（5）合理控制线损率，提高电网运行经济性。

（6）合理控制电网投资规模，促进电网企业的可持续发展。

3.2.2 配电网规划设计原则

配电网规划设计应坚持各级电网协调发展原则，注重上下级电网之间协调，注重一次与二次系统协调，注重电网规模、装备水平和管理组织的协调，注重配电网可靠性和效率效益的协调。

（1）配电网规划设计应涵盖 110(66)kV、35kV、10(20)kV 和 380/220V 等各级电网，可根据需要延伸至上级电网，提出对上一级电网的建设需求。

（2）配电网规划设计范围应包括市辖供电区电网、县级供电区电网（含直供直管、控股、代管等管理口径）的配电网，规划范围应做到不重叠、不遗漏。

（3）配电网规划设计应满足国家、行业及电网企业相关的标准规定，规划报告应提出规划期各级配电网的建设规模、建设项目、投资规模和建设时序。

（4）配电网规划设计应做到近期与远期相衔接，以远期指导近期规划，规划应统筹考虑城乡电网、输配电网和电网电源之间协调发展，规划工作应贯彻全寿命周期管理理念，实现新/扩建与改造相协调发展。

（5）配电网规划设计以满足和服务地方经济发展为首要任务，电力设施布局规划应纳入城乡建设总体规划。

（6）配电网规划设计应坚持差异化和标准化原则，不同类型供电区域应采用相应的建设和改造标准。

（7）配电网规划设计应坚持协同规划的原则，二次系统、通信系统等其他专项规划应与配电网一次系统同步规划。

（8）配电网规划设计应以网格为单位开展，深入研究各功能区块的发展定位和用电需求，分析配电网存在问题，制定配电网目标网架和过渡方案，实现现状电网到目标网架的顺利过渡。

（9）配电网规划设计内容应按负荷的实际变动和规划的实施情况适时滚动修正。当上级电网规划、用地规划或经济社会发展规划有重大调整时，应对配电网规划进行重新修编。

针对经济发展变化较快的地域开展规划专题研究，根据地区发展特点，充分考虑各产业区功能设定、大用户和电源基地建设等情况，科学预测规划区负荷水平，合理构建远景目标网架，科学安排电网建设方案，充分考虑适应性与差异化，保障地区经济发展。系统设计中，结合所址位置及周边电网具体情况，从供电可靠性、工程投资、网损及可实施性等多角度比选，优化变电站和线路方案。

3.3   配电网规划年限

配电网规划设计与城乡发展规划、输电网规划等相互衔接。配电网规划设计年限应与国民经济和社会发展规划的年限保持一致，一般可分为近期（近5年）、中期（5～10年）和远期（15年及以上）三个阶段。遵循以近期为基础，以远期为指导，并建立逐年滚动的工作机制。

3.3.1   近期规划

近期规划主要分析现状问题，明确发展目标，开展专题研究，制定规划方案，做出5年内35～110kV电网项目和3年内10kV及以下电网项目。应着力解决当前配电网存在的主要问题，提高供电能力和可靠性，满足负荷需要，并依据近期规划来编制年度项目计划。高压配电网一般给出规划期内网架规划和分年度新建与改造项目；中压配电网应根据目标网架，给出近2年的新建、改造方案与项目，并提出规划期内建设规模和投资规模。

3.3.2   中期规划

当城乡总体规划、土地利用总体规划及控制性详细规划等较为详细时，配电网规划可展望至10～15年，确定配电网中长期发展方向，编制远景年的目标网架及过渡方案，提出上级电源建设电力设施布局等方面相关建议。应考虑电网远景发展，确定配电网中期目标，指导近期规划建设，制定近期配电网向目标网架的过渡方案。

3.3.3   远期规划

远期规划应侧重于战略性研究和展望，主要考虑配电网的长远发展目标，根据饱和负荷水平的预测结果，确定配电网发展需求，预留高压变电站站址以及高、中压线路廊道。

配电网发展的外部影响因素多，用户报装变更、通道资源约束及市政规划调整等都会影响配电网工程项目建设。为更好地适应各类变化，配电网规划设计应建立逐年评估和滚动调整机制，且根据需要及时研究调整规划方案，确保规划的科学性、合理性和适应性。

3.4   配电网规划编制流程及内容深度要求

3.4.1   规划设计流程

配电网规划设计工作的主要步骤包括：所需资料及历史数据收集；现状电网评估；负荷预测及供电区域划分；确定规划目标及技术原则；规划设计方案制定；分析计算及技术经济比选；投资估算及经济分析；规划报告编制。配电网规划设计流程示意如图3-1所示。

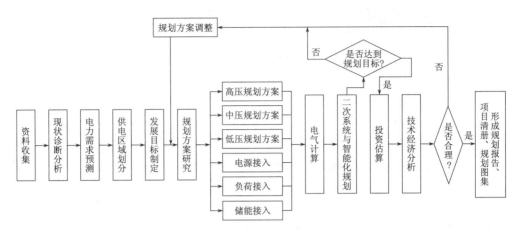

图 3-1　配电网规划设计流程示意

3.4.2　规划内容及深度要求

1. 现状电网评估

逐站、逐变、逐线分析与总量分析及全电压等级协调发展分析相结合，深入剖析配电网现状。从供电能力、网架结构、装备水平、运行效率及智能化等方面，诊断配电网存在的主要问题及原因，结合地区经济社会发展要求，分析面临的形势。

2. 电量需求预测

结合历史用电情况，预测规划期内电量与负荷的发展水平，分析用电负荷的构成及特性。根据电源、大用户规划和接入方案，提出分电压等级网供负荷需求，具备控制性详规的地区应进行饱和负荷预测和空间负荷预测，进一步掌握用户及负荷分布情况和发展需求。

3. 供电区域划分

依据负荷密度及用户重要程度，参考行政级别、经济发达程度、用电水平及 GDP 等因素，合理划分配电网供电区域，分别确定各类供电区域的配电网发展目标，以及相应的规划技术原则和建设标准。

4. 发展目标确定

结合地区经济社会发展需求，提出配电网供电可靠性、电能质量、目标网架和装备水平等规划水平年发展目标和阶段性目标。

5. 电力电量平衡及容量需求

根据负荷需求预测及考虑各类电源参与的电力平衡分析结果，依据容载比、负载率等相关技术原则要求，确定规划期内各电压等级变电及配电容量需求。

6. 网架方案制定

制定各电压等级目标网架及过渡方案，科学合理布点、布线，优化各类变配电设施的空间布局，明确站址及线路通道等建设资源需求。

7. 用户和电源接入

根据不同电力用户和电源的可靠性需求，结合目标网架，提出接入方案，包括接入电压等级、接入位置等；对于分布式电源、电动汽车充换电设施、电气化铁路等特殊电力用户，开展谐波分析、短路计算等必要的专题论证。

8. 电气计算分析

进行潮流、短路、可靠性、电压质量及无功平衡等电气计算，分析校验规划方案的合理性，确保方案满足电压质量、安全运行及供电可靠性等技术要求。

9. 二次系统与智能化规划

提出与一次系统相适应的通信网络、配电自动化及继电保护等二次系统相关技术方案；分析分布式电源及多元化负荷高渗透率接入的影响，推广应用先进传感器、自动控制、信通通信、电力电子等新技术、新设备和新工艺，提升智能化水平。

10. 投资估算

根据配电网建设与改造规模，结合典型工程造价水平，估算确定投资需求，以及制定资金筹措方案。

11. 技术经济分析

综合考虑企业经营情况、电价水平及售电量等因素，计算规划方案各项技术经济指标，估算规划产生的经济效益和社会效益，分析投入产出和规划成效。

4 现状配电网评估

配电网现状评估是通过诊断分析电网发展和企业经营指标现状水平，全面梳理影响电网发展和企业效益的主要指标，便于针对性地提出电网发展质量、安全稳定水平和运行效率效益，提高企业资源配置能力及可持续发展能力的措施和建议。配电网现状评估主要包括：配电网技术经济指标分析、配电网面临的形势及存在的主要问题两个方面。

其中配电网技术经济指标分析包括：

（1）结合各地市供电可靠率、110kV及以下综合线损率、综合电压合格率统计指标，描述市辖供电区与县级供电区的指标分布情况，分析各指标协调性、差异及原因。

（2）结合本地区及各类供电区110(66)kV和35kV容载比、主变和线路 $N-1$ 通过率及主变和线路最大负载率分布等指标，分析目前高压配电网的运行情况。

（3）结合本地区及各类供电区10kV线路"$N-1$"通过率、联络率、转供能力、配变和线路最大负载率分布指标，分析目前中压配电网运行情况。

（4）统计分析本地区及各类供电区域客户接入电网受限情况及县域电网与主电网联系薄弱和农网"低电压"情况。

配电网面临的形势及存在的主要问题包括：

（1）分析配电网面临的形势，论述电力体制改革、农村电力普遍服务、新能源及多元化负荷和接入等新形势对配电网发展的影响。

（2）总结城网存在的问题，包括供电服务、电网结构、电网设备、建设环境、建设资金、与地方规划衔接情况等方面。总结农网存在的主要问题，包括供电能力、电网结构、电网设备、建设环境和建设资金。

4.1 配电网评估指标体系

（1）供电质量指标：主要包括供电可靠性和电压合格率，其中供电可靠率为统计期内，用户有效供电时间总小时数与统计期总小时数的百分比，供电可靠性通常用供电可靠率、用户平均停电时间、用户平均停电次数及故障平均停电时间占比等指标衡量；电压合格率为电压偏差在限制范围的累计运行时间与总运行时间的百分比，通常用综合电压合格率衡量。

（2）供电能力指标：包括110(66)kV/35kV电网容载比、110(66)kV/35kV变电站可扩建主变容量、10(66)kV/35kV线路最高负载率平均值、101(66)kV/35kV重载线路占比、110(66)kV/35kV轻载线路占比、110(66)kV/35kV重载主变占比、110(66)kV/35kV轻载主变占比、10kV出线间隔利用与负载匹配率、10kV线路最大负载率平均值、10kV重载线路占比、10kV轻载线路占比、10kV重载配变占比、10kV轻载配变占比及户均配变容量等。

（3）装备水平指标：主要包括 110(66)kV/35kV/10kV 线路截面标化率、110(66)kV/35kV/10kV 主变容量标准化率、110(66)kV/35kV/10kV 设备平均投运年限、110(66)kV/35kV/10kV 老旧设备占比及高损配变占比等。

（4）绿色智能类指标：分布式电源渗透率、配变信息采集率、智能电表覆盖率、配电自动化覆盖率、"三遥"终端占比、馈线通信网络覆盖率、站所通信网络覆盖率及分布式电源控制能力等。

（5）网架结构类指标：110(66)kV/35kV 单线单变站占比、110(66)kV/35kV 标准化结构占比、110(66)kV/35kV 配电网"$N-1$"通过率、10kV 线路供电半径、10kV 线路联络率及 10kV 线路"$N-1$"通过率。

（6）效能指数：规划平衡负荷占比、单位增供电量所需电网投资、负荷平均峰谷差率及综合线损率。

（7）互联指数：非化石能源装机及电量占比、清洁能源利用率、新增新能源配置储能比例及"即插即用"指数等。

4.2　现状配电网评估后存在的问题

（1）供电质量较差：供电可靠性和电压合格率不满足供电分区最低要求。

（2）供电能力不足：110(66)kV/35kV 电网容载比过高或过低，110(66)kV/35kV/10kV 线路轻重载，110(66)kV/35kV 主变轻重载及 10kV 配变轻重载。

（3）装备水平较差：110(66)kV/35kV/10kV 设备投运年限过长（参照设备全寿命周期管理规定）及高损配变线路等。

（4）网架结构较差：110(66)kV/35kV 单线单变站，110(66)kV/35kV 不满足"$N-1$"校验，10kV 线路无联络、不满足"$N-1$"校验，10kV 线路供电半径过长，二三级大分支线路较多等。

（5）运行状况较差：故障多发及线路通道较差等。

4.3　现状配电网评估典型案例

以某地区西区配电分区为例开展配电网现状评估分析。

4.3.1　上级电源点建设情况

西区配电分区内有 110kV 变电站 2 座，主变 4 台，变电总容量 200MVA。110kV 变电站设备情况统计见表 4-1。

表 4-1　110kV 变电站设备情况统计表

变电站名称	电压等级/kV	容量构成/MVA	总容量/MVA	典型日最大负荷/MW	典型日负载率/%	10kV 间隔数/个	
						可出线	已出线
花园岗变	110	2×50	100	48.42	48.42	24	17
鹿鸣变	110	2×50	100	38.38	38.39	24	23
合　计			163			48	40

由表 4 - 1 可知:

负载率:110kV 鹿鸣变负载率在 40% 以下,负荷增长空间较大。

间隔利用率:110kV 变电站可出线间隔 48 个,已出线间隔 40 个,间隔利用率 83%,尤其鹿鸣变间隔资源非常紧张。

西区配电分区内 110kV 电网有两种接线方式:链式接线和双辐射接线,其中花园岗变为链式接线,鹿鸣变为双辐射接线。西区配电分区 110kV 电网网架结构拓扑图如图 4 - 1 所示。

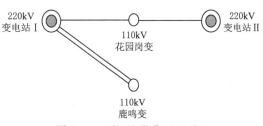

图 4 - 1   西区配电分区 110kV
电网网架结构拓扑图

110kV 鹿鸣变上级电源点只有 1 座 220kV 电源点,且为同塔双回,建议与其他 220kV 电源点之间构建链式结构,提高 110kV 变电站供电可靠性。

4.3.2   中压配电网综合评估

主要从电网结构、电网设备及电缆通道等方面对西区配电分区内配电网进行综合评估。西区配电分区中压配电网综合统计表见表 4 - 2。

表 4 - 2   西区配电分区中压配电网综合统计表

中压线路数量/条	其中:公用	35
	专用	5
	合计	40
中压线路长度/km	绝缘线	29
	裸导线	0
	电缆线路	190
	总长度	219
线路采用主要导线型号	架空线	JKLYJ - 240
	电缆导线	YJV22 - 3×240、YJV22 - 3×300
平均主干线长度/km		1.85
电缆化率/%		87
绝缘化率/%		100
公用线路挂接配变总数	台数/台	543
	容量/MVA	296.1
	其中:公变/台	318
	容量/MVA	167.12
线路平均装接配变数	台数/(台/线路)	20.1
	容量/(MVA/线路)	10.97
中压线路平均最大负载率/%		36.6
配变平均最大负载率/%		42
环网率/%		100

4.3.2.1 电网结构评估

西区配电分区现有 10kV 供电线路 40 条,其中公用线路 35 条、专线 5 条(以下内容若无特殊说明,均指公用线路情况)。中压配电网网架结构以单环网和双环网为主,环网化率 100%,环网化水平较高。现有双环网接线 3 组,单环网接线 9 组,架空多联络 3 组。其中有 4 回线为站内联络,其余为站间联络。

中压线路平均分段数 3.4 段/条,线路平均挂接开关站 0.22 座/条,平均挂接户外环网站 2.6 座/条。

配电网结构评估情况统计表(部分)见表 4-3。

表 4-3 配电网结构评估情况统计表(部分)

序号	变电站名称	线路名称	电压等级/kV	线路结构	分段数/段	联络线路名称
1	花园岗变	白云 Q201 线	10	双环网	3	西城 8313 线、名江 8324 线
2	花园岗变	西安 Q202 线	10	双环网	5	职院 8172 线、鹿贤 8316 线
3	花园岗变	航北 Q204 线	10	双环网	3	北溪 8321 线、鹿园 8314 线
4	花园岗变	斗潭 Q205 线	10	单环网	4	职技 8173 线
5	花园岗变	岗华 Q207 线	10	架空多联络	4	清泰 8270 线、职院 8172 线、盈川 Q214 线

4.3.2.2 运行情况评估

供区内 35 条公用线路中负载率低于 20% 的轻载线路有 6 条,占线路总数的 17%,最大负载率超过 80% 的线路有 2 条,分别为北溪 8321 线和岗华 Q207 线。35 条中压线路中,33 条线路通过线路 "N-1" 校验,"N-1" 校验通过率 94%。配电网运行评估情况统计(部分)见表 4-4。

表 4-4 配电网运行评估情况统计表(部分)

序号	变电站名称	线路名称	电压等级/kV	供电半径/km	线路负载率/%		配变负载率/%	
					最大	平均	最大	平均
14	鹿鸣变	新湖 8312 线	10	0.8	25.5	14.2	29.8	17.4
15	鹿鸣变	西城 8313 线	10	2.56	22.7	11	32.2	16.5
16	鹿鸣变	鹿园 8314 线	10	2.99	42	14.7	31.2	25.9
17	鹿鸣变	西礼 8315 线	10	1.56	83.8	39.4	81.3	34.9
18	鹿鸣变	鹿贤 8316 线	10	1.71	38.1	23.8	25.3	7.3
19	鹿鸣变	芹江 8317 线	10	1.31	13.9	9.8	5.7	2.1

4.3.2.3 装备水平评估

1. 线路情况

西区配电分区中压线路总长度为 219.3km,其中架空绝缘线长度为 29.1km,电缆长度为 190.2km,中压线路绝缘化率为 100%,电缆化率 87%。

中压线路主干线平均长度为 2.5km，主干线长度超过 3km 的只有职技 8173 线（3.6km）和白云 Q201 线（6.7km）。

主干线路电缆导线型号主要为 YJV22 - 3×240 和 YJV22 - 3×300；架空线路线路型号主要为 JKLYJ - 240。

中压配电网线路评估情况统计（部分）见表 4 - 5。

表 4 - 5   中压配电网线路评估情况统计（部分）

序号	变电站名称	线路名称	电压等级/kV	线路总长度/km	主干线长度/km	主干型号	一级分支线型号	绝缘线长度/km	电缆长度/km	投运时间
1	花园岗变	白云 Q201 线	10	17.9	6.7	YJV22 - 3×240	—	2.4	14.5	2007 - 12 - 1
2	花园岗变	西安 Q202 线	10	3.9	2.58	YJV22 - 3×240	—	0	3.9	2005 - 8 - 10
3	花园岗变	航北 Q204 线	10	8.6	3.0	YJV22 - 3×240	—	0	8.6	2010 - 10 - 19
4	花园岗变	斗潭 Q205 线	10	4.2	2.28	YJV22 - 3×240	—	0	4.2	2005 - 8 - 10

2. 配电设备情况

西区配电分区现有开关站 7 座，户外环网站 71 座，配电室 31 座。

开关站的接线方式有单母线和单母分段两种。开关站出线间隔总数 82 个，已用 60 个，备用 22 个，间隔利用率为 73%。其中江郎 1 号开关站仅余 1 个出线间隔。

户外环网箱接线模式均为单母线接线。户外环网站出线间隔总数 293 个，已用 182 个，备用 111 个，间隔利用率为 62%。其中 11 座环网站已无剩余出线间隔。

配电室接线模式有单母线、单母分段以及两个独立的单母线三种。配电室出线间隔总数 253 个，已用 200 个，备用 53 个，间隔利用率为 79%。开关站、环网箱和配电室均无运行 15 年以上的情况。开关站等评估情况统计表（部分）见表 4 - 6。

表 4 - 6   开关站等评估情况统计表（部分）

序号	开关站名称	类型	电压等级/kV	电源进线		Ⅰ 段母线			Ⅱ 段母线		
				1	2	总数间隔/个	已用间隔/个	装接配变容量/kVA	总间隔数/个	已用间隔/个	装接配变容量/kVA
1	学院 1 号	户内	10	职院 8172 线	职技 8173 线	6	4	4000	5	3	2000
2	学院 2 号	户内	10	职技 8173 线	职院 8172 线	2	1	4280	3	1	4280
3	江郎 1 号	户内	10	白云 201 线	三江 210 线	5	5	2000	5	4	2520
4	江郎 2 号	户内	10	斗潭 205 线	西安 202 线	5	4	2630	5	3	900
5	紫云	户内	10	铁路 212 线	花园 209 线	11	6	4000	11	6	4600
6	灵溪吾悦	户内	10	灵溪 211 线	新区 216 线	7	5	6200	7	5	4000
7	西园	户内	10	新区 216 线	西城 8313 线	5	4	6050	5	4	6050

4.3.2.4 分布式电源接入

西区配电分区内目前无分布式电源接入。

4.3.2.5 用户接入情况评估

西区配电分区共有5条专用线路，分别为电工 Q203 线、广电 217 线、新城 Q215 线、移动 8310 线和吾悦 8329 线。专用线路统计表见表 4-7。

表 4-7   专 线 线 路 统 计 表

序号	线路名称	变电站名称	线路性质	配变数量/台	配变容量/kVA	最大负载率/%
1	电工 Q203 线	花园岗变	专线	3	6280	51.8
2	广电 Q217 线	花园岗变	专线	5	4800	49.5
3	新城 Q215 线	花园岗变	专线	10	10000	78.5
4	移动 8310 线	鹿鸣变	专线	6	8000	73.3
5	吾悦 8329 线	鹿鸣变	专线	10	10000	73.7
	合计	—	—	34	39080	—

4.3.2.6 电缆通道评估

西区配电分区现有电缆通道主要集中在白云大道和九华大道之间，电力通道已基本形成。主干道上布置的电缆通道孔数较多，一般都为 10 孔以上，这对于各变电所的电源输送提供了相当重要的基础设施，为变电所之间的电源连接也提供了一定的帮助。在支路的布置上，多以 4 孔、7 孔和 10 孔为主，基本上能满足周边地块的用电需要。电缆通道情况统计表（部分）见表 4-8。

表 4-8   电缆通道情况统计表（部分）

道路名称	起 止 点	级别	单侧/双侧	长度/m	通道总孔数	已占用孔数
盈川东路	白云大道—紫薇北路	主干道	单侧	560	16	3
盈川东路	紫薇北路—九华大道	主干道	单侧	1080	13	3
盈川东路	九华大道—庙源溪桥	主干道	单侧	830	7	0
花园大道	锦西大道—古田路	主干道	双侧	780	20	11
花园大道	古田路—白云大道	主干道	双侧	690	22	11
花园大道	白云大道—江郎北路	主干道	双侧	340	42	16
花园大道	江郎北路—紫薇北路	主干道	双侧	225	32	14
花园大道	紫薇北路—西安门大桥	主干道	双侧	922	16	12
花园大道	西安门大桥	主干道	双侧	430	7	2

4.3.3 评估后存在的主要问题

1. 110kV 配电网

110kV 鹿鸣变上级电源点单一，均来自同一座 220kV 变电站，网架结构有待加强，需结合其他 220kV 变电站引入第二路电源。

2. 10kV 配电网

（1）电网结构：中压配电网存在的主要问题是接线复杂及交叉供电等，需要合理划分用电网格；复杂联络线路逐步解环，规范、简化接线方式，实现标准接线；消除中压线路交叉供电问题。

（2）运行情况：存在重过载线路及"$N-1$"不通过线路。

（3）环网箱和配电室：存在单电源户外环网箱和配电室，供电可靠性较差，不能满足重要用户对供电可靠性的要求。在以后的建设改造中，为单电源户外环网箱和配电室接入第二路进线电源，提高供电可靠性。

（4）电缆通道：西区配电分区有 4 个路段电缆通道使用紧张，应根据规划所走中压线路条数来确定是否需要进行扩建，或在道路另一侧进行新建。由于道路规划、施工等原因，造成部分电缆通道无法正常使用，如管道阻塞、井盖被覆盖等。

3. 问题分类

把现状配电网存在的问题按照轻重缓急的原则分为一、二、三级问题。一级问题应尽快着重解决；二级问题结合新建变电站解决；三级问题根据计划适时解决。

（1）一级问题

线路负载率大于 80％、线路电压损耗大于 5％的线路属于一级问题线路，事关配电网运行安全性。2 条重载线路在近两年内解决，电压损耗大的线路在近期内解决。

（2）二级问题

主干偏长、不通过"$N-1$"校验、结构复杂以及分段不合理的线路，属于二级问题线路。事关配电网供电可靠性及经济性，考虑结合周边新建站点中压出线工程逐步完善网架。目前有 4 条存在二级问题的线路，二级问题线路情况统计表见表 4-9。

表 4-9 　　　　　　　　　　**二级问题线路情况统计表**

序号	变电站名称	线路名称	问 题 描 述
1	花园岗变	盈川 Q214 线	单环网线路，不通过"$N-1$"校验
2	花园岗变	岗华 Q207 线	复杂联络
3	鹿鸣变	新湖 8312 线	复杂联络
4	鹿鸣变	西城 8313 线	复杂联络

（3）三级问题

三级问题主要涉及设备的标准和性能问题，如老旧配变、高损配变、老旧开关、油式开关、老旧线路、小截面线路和老旧开闭所等不属于一、二级问题的线路。三级问题线路将根据计划适时解决。

5

配电网灵活资源及负荷预测

电力负荷预测是配电网规划设计的基础和重要组成部分，通过分析现状电网的电量、负荷及负荷特性，预测规划期内的用电量和最大负荷，为配电网建设方案提供依据。负荷预测通常采用不同预测方法进行预测计算，对于不同预测结果根据外部边界条件分别制定高、中、低预测方案，以其中一种方案为推荐结果。负荷预测主要内容包括电量需求预测、负荷特性参数分析、电力需求预测、分电压等级网供负荷预测和空间负荷预测。负荷预测的主要内容见表 5-1。

表 5-1 负荷预测的主要内容

项 目	说 明	具 体 内 容	作 用
电量需求预测	预测规划期总用电量	①预测规划期逐年的用电量（如全社会用电量、分行业电量、分产业电量等）及其增长率；②预测远景年的用电量	明确规划期内电网的负荷水平
负荷特性参数分析	描述配电网负荷变化特性，反映负荷随时间变化的趋势	分析最大负荷利用小时数、负荷曲线（日、周、年）、年持续负荷曲线、峰谷差，负荷率等指标	①表征负荷发展趋势的相关指标用于负荷预测；②负荷曲线用于优化规划方案的边界条件
电力需求预测	预测规划期内的最大负荷	①预测规划期内逐年的最大负荷及其增长率；②预测规远景年最大负荷	①提出对上级电源的需求；②分析配电网应具备的最大供电能力
分电压等级网供负荷预测	预测各电压等级网供负荷	110(66)kV、35kV 各电压等级公用变压器所供负荷	计算各级电网变（配）电容量需求
空间负荷预测	预测负荷的地理空间分布	确定各区域负荷分布的位置大小和时间	①用于变（配）电站选址、定容、馈线路径选择等；②确定远景年的负荷水平，为目标网架提供依据

配电网负荷预测是全社会负荷预测的重要组成部分，是对全社会负荷发展方向和发展趋势逐层级逐区域的细化和分解。全社会负荷预测通过分析国民经济社会发展中的各种相关因素与电力需求之间的关系，运用一定的理论和方法，探求其变化规律，对负荷的总量、分类量、空间分布和时间特性等方面进行预测。预测的期限一般应与配电网规划设计的期限保持一致，按照预测的时间长短可分为近、中和远期。近期预测为 5 年，一般需列出逐年预测结果，为变（配）电设备增容规划提供依据；中期预测为 5~15 年，一般侧重饱和负荷预测，需列出规划水平年的预测结果，为阶段性的网络规划方案（高压变电站站

址和高压、中压线路通道等配电网设施布局规划）提供参考和依据；远期预测为 15 年及以上，一般需侧重饱和负荷预测，提出高压变电站站址和高、中压线路廊道等电力设施布局规划。

配电网负荷预测以全社会负荷预测得出的电力发展需求趋势为整体方向，通过区域经济社会发展和用电特性分析开展主要电力用户负荷预测，确定向用户供电的电压等级，为供电方案制定和电气设备选型提供依据，并结合公用电网电压序列进一步预测各电压等级的网供负荷，以确定各电压等级配电网在规划期内需新增的变（配）电容量需求。通过空间负荷预测，确定远景年的饱和负荷值及其空间位置分布，为配电网的变（配）电站布点和线路走向布局提供依据。

5.1 配电网负荷预测的内容及要求

配电网负荷预测是根据社会经济发展、人口增长、用地开发建设及配电网的运行特性等诸多因素，在满足一定精度要求的前提下，预测未来一定时期内配电网的负荷、用电量总量及空间分布。电力负荷预测是配电网规划设计的基础和重要组成部分，通过分析现状电网的电量、负荷及负荷特性，预测规划期内的用电量和最大负荷，为配电网建设方案提供依据。

5.1.1 负荷预测的主要内容

1. 全社会用电量和最大负荷

预测规划期内某一区域的全社会用电量和全社会最大负荷。预测对象通常为一个县、一个市或一个省。预测结果为全系统的负荷值，不区分电压等级，应与输电网规划、电源规划等负荷预测结果保持衔接。预测结果主要用于判断该地区全社会用电量和最大负荷的宏观走势。

2. 各电压等级网供最大负荷

在全社会最大负荷的基础上，预测各电压等级公共变压器供给的最大负荷，称为网供负荷预测。配电网网供负荷预测结果包括 110(66)kV 网供最大负荷、35kV 网供最大负荷和 10kV 网供最大负荷，各电压等级网供最大负荷一般通过全社会最大负荷扣除最高电压等级变电站向本电压等级以下电网的直供负荷、本电压等级及以上专线负荷，以及更低电压等级的发电出力得到。网供负荷的预测结果主要用于确定该电压等级配电网在规划期内需新增的变压器容量需求。

3. 配电网饱和负荷的空间、时间分布

配电网饱和负荷指在预期可达到的用电技术水平、用电设备情况下所能够达到的最大负荷。饱和负荷的空间分布是确定变电站布点位置和线路出线的重要依据，一般采用基于类比推断的空间负荷预测方法预测，通常做法是结合城市控制性详细规划中用地规划、地块用地性质、建筑面积及建筑物构成等信息将规划区域划分为若干个区块，参考现有用户数量和用地性质一致、负荷已接近"饱和"状态的地块达到的用电水平，对每个区块远景年能够达到的最大负荷（即饱和负荷）进行预测，并根据周边地区发展情况对地块规划期内负荷增长轨迹进行推断。

4. 电力用户最大负荷

电力用户最大负荷是确定用户供电电压等级、选取电气设备和导体的主要依据。电力用户最大负荷的计算对象可以是居民住宅区、厂矿企业及高层建筑等,通常根据用户的电器设备功率及单位用电指标等,再考虑用电同时率而计算得到。

5.1.2 负荷预测的要求

配电网负荷变化受到经济、气候及环境等多种因素的影响,预测中根据历史数据推测未来数据往往具有一定的不确定性,因此配电网负荷预测一般采用多种方法进行预测(宜以 2~3 种方法为主),并采用其他方法进行校验。预测结果应根据外部边界条件制定出高、中、低三种不同预测方案,并提出推荐方案。开展负荷预测时应注意:

(1) 既要做近期预测,也要做中远期预测。近期的预测要给出规划期逐年的预测结果,用以论证工程项目的必要性,确定配电网的建设规模和建设进度。中远期预测用于掌握配电网负荷的发展趋势,确定配电网目标网架,为站址及通道等设施布局提供指导。

(2) 既要做电量预测,也要做负荷预测。由于最大负荷受需求侧管理及拉闸限电等外部因素影响,规律性较差,因此通常根据历史年的用电量水平,采用合适的方法预测规划期内逐年的用电量,再根据最大负荷利用小时数法,确定各年的最大负荷。

(3) 既要做总量预测,也要做空间预测。全社会最大负荷及配电网分电压等级网供负荷用于分析配电网负荷的发展形势,指导规划期内配电网变压器新增容量需求计算。同时还应通过空间负荷预测确定负荷增长点所在的地理位置,细化负荷分布,为明确新增变电站的布局提供依据。

(4) 既要做全地区的负荷预测也要做分区块的负荷预测。配电网负荷预测应包括以县、市及省等行政管理范围为对象的全地区预测,也应包括居民住宅区、工商业区及新开发区等较小区块的预测。分区块的预测结果应能够与全地区的预测结果相互校验,一省或一市的预测结果应能够根据该省或该市下级行政区的预测结果推导得出。

5.1.3 负荷预测思路

负荷预测的准确性直接影响到配电网规划方案的适用性。时间、地理、能量、信息及社会的多域与多层次耦合性(如图 5-1 所示)决定了高弹性配电网规划研究的充分性和技术方法创新的必要性。多元融合高弹性电网负荷预测影响因素如图 5-1 所示。

相比传统的电网负荷预测,全电压等级的多元融合高弹性配电网规划的负荷预测除包含常规电能源外,还考虑诸如分布式风电、光伏、电动汽车以及需求侧响应的影响,这是由于风光的间歇性、电动汽车分布与充放电的随机性以及用户响应的随机性。上述要素在区域实际发展中往往存在极高的不确定性,且对常规电负荷产生极大影响,因此需要打破传统规划中仅仅考虑规划区不同类型负荷的局限,将分布式电源、电动交通工具以及需求侧响应等不确定的元素进行场景化聚类,以准确分析其对规划区负荷的影响。

考虑多元负荷不确定场景下的负荷预测的总体思路框图如图 5-2 所示。通过负荷密度指标法,结合聚类得到的典型地块负荷曲线,自下而上叠加得到网格常规负荷曲线;通过电动汽车规划规模自上而下分配,运用蒙特卡洛充电仿真,形成典型地块和网格充电负荷曲线;基于屋顶调研及光伏开发强度统计,运用聚类分析,得到典型地块和网格光伏出

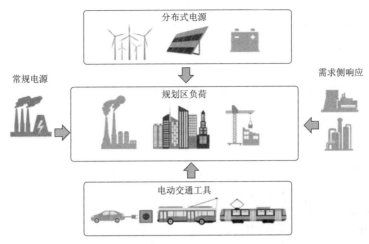

图 5-1 多元融合高弹性电网负荷预测影响因素

力曲线；基于不同类型用户的空调无感参与需求侧响应的深度和积极性水平，量化测算各个地块可响应负荷量。之后，通过各类负荷曲线自下而上的叠加，得到考虑前述各种影响因素的网供负荷预测结果。

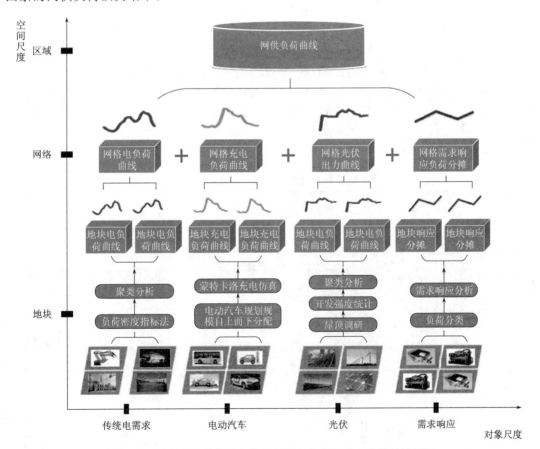

图 5-2 考虑多元负荷不确定场景下的负荷预测的总体思路框图

5.1.4 基础数据要求

历史数据资料是负荷预测的基本依据，负荷预测计算方法中涉及的参数多直接取自于历史数据或经历史数据推算而来，资料的全面性及权威可信度对预测结果影响重大。

1. 资料收集内容

配电网负荷预测需要搜集最近连续 5 年以上地区电网公司和社会经济发展的有关资料，应包括但不限于以下资料：

(1) 历年电力消费用电负荷、用电量、用电构成、各类型电源装机容量及供电区年时序负荷数据（8760h 整点数据）。

(2) 经济发展现状及发展规划：如国内生产总值及年增长率、三次产业增加值及年增长率及产业结构等，重点行业发展规划及主要规划项目，城乡居民人均可支配收入。

(3) 人口现状及发展规划：人口数及户数，城乡人口结构、城镇化率。

(4) 能源利用效率及用电比重变化。

(5) 行业布局、大负荷用户报装及分布。

(6) 地区负荷密度、地区控制性详细规划。

(7) 国家重要政策资料（如限制高耗能政策等）及国内外参考地区的上述类似历史资料。

(8) 地区气象、水文实况资料等其他影响季节性负荷需求的相关数据。

(9) 其他地区及国家的有关资料（指标）：重点行业（部门）的产品（产值）单位电耗、人均 GDP、人均用电量、人均生活用电量、电力弹性系数、负荷密度及产业结构比例等。

2. 数据来源

资料的主要来源一般有三种途径：一是政府正式发布的统计年鉴、地区城乡发展总体规划（用地规划、产业布局规划、控制性详细规划、修建性规划等）；二是政府、研究机构等定期或不定期发表或在网上公布的报刊、资料文献和其他相关出版物；三是预测人员通过调查所获取的资料。

中长期电网规划负荷预测工作收资与调查表见表 5-2。

表 5-2   中长期电网规划负荷预测工作收资与调查表

时间	类别	内　　　容	来　源
历史年	地区概况	地理位置	各省市及各区（县）统计部门
		土地面积及用地性质	
		行政区域	
		气候条件	
	经济社会	地区生产总值、各产业增加值	
		工业和重点行业的生产总值	
		人口规模	
目标年	电力需求	用（售）电量、各产业用（售）电量最高负荷、各区域各电压等级最高负荷、各类型电源装机容量	调度系统、营销系统、电力统计年鉴等
	负荷特性	日负荷特性、月负荷特性和年负荷特性	
	经济社会	地区生产总值	地区国民经济中长期发展规划、城乡发展总体规划
		各产业增加值	
		人口规模	

5.2 电量需求预测

电量需求预测是一段时间内电力系统的负荷消耗电能总量的预报。常用的预测的方法包括电力弹性系数法、产业产值用电单耗法、时间序列预测法、类比法、平均增长率法、分行业（部门）预测法、人均电量法、线性增长趋势法、指数曲线增长趋势法等。

5.2.1 电力弹性系数法

1. 电力消费弹性系数的定义

电力消费弹性系数是指一定时期内用电量年均增长率与国民生产总值（GDP）年均增长率的比值，是反映一定时期内电力发展与国民积极发展适应程度的宏观指标。弹性系数法由以往的用电量和国民生产总值可以分别求出它们的平均增长率，记为 K_y 和 K_x，从而求得电力弹性系数，即

$$E = \frac{K_y}{K_x}$$

如果用某种方法预测未来 m 年的弹性系数为 $\hat{E}$，国民生产总值的增长率为 $\hat{K}_x$，可得电力需求增长率为 $\hat{K}_y = \hat{E}\hat{K}_x$，这样就可以按照上面的增长率得出第 m 年的用电量为

$$A_m = A_0(1 + \hat{K}_y)^m$$

式中：A_0 为基准年（预测起点年）的用电量。电力弹性系数的预测通过构建电力弹性系数与产业结构关系模型来实现。产业结构的变化引起电力弹性系数的变化，最终影响到全社会用电量的变化。

2. 预测步骤

电力消费弹性系数法是根据历史阶段电力弹性系数的变化规律，预测今后一段时期的电力需求的方法。该方法可以预测全社会用电量，也可以预测分产业的用电量（即所谓的分产业弹性系数法）。主要步骤如下：

（1）使用某种方法（增长率法、回归分析法等）预测或确定未来一段时期的电力弹性系数 η_t。

（2）根据政府部门未来一段时期的国民生产总值的年均增长率预测值与电力消费弹性系数，推算出第 n 年的用电量，预测公式为

$$W_n = W_0 \times (1 + \eta_t)^n$$

式中：W_0 和 W_n 为计算期初期和末期的用电量。

3. 适用范围

由于电力消费弹性系数是一个具有宏观性质的指标，描述一个总的变化趋势，不能反映用电量构成要素的变化情况。因此电力消费弹性系数法一般用于对预测结果的校核和分析。这种方法的优点是对于数据需求相对较少。

【例 5.2.1】 某地区过去十年电力弹性系数为 1.3，2012 年用电量为 40 亿 kWh，2012—2019 年 GDP 产值年均增长率取 12%。预测 2019 年用电量。

解：（1）结合历史数据及地区发展规划，采用一元线性回归法预测求得 2012—2019 年电力弹性系数取值为 1.19。

（2）根据电力弹性系数法，2019 年用电量计算为

$$W_{2019} = W_{2012} \times (1 + \eta_1 \times V)^n = 40 \times (1 + 1.19 \times 0.12)^7 = 101.8$$

因此，2019 年用电量为 101.8 亿 kWh。

【例 5.2.2】 某地区的 2005—2017 年的 GDP 及电量情况见表 5-3，2018—2019 年 GDP 名义增速预计为 7.5% 和 7.0%。试计算 2018 年、2019 年的全社会用电量。

表 5-3   某地区 2005—2017 年 GDP 及电量情况

年 份	2005	2006	2007	2008	2009	2010	2011	2012	2013	2014	2015	2016	2017
GDP/亿元	328	387	479	580	626	761	927	975	1062	1115	1146	1252	1380
第一产业比重	14.7%	13.3%	12.3%	10.6%	9.7%	8.5%	8.5%	8.1%	7.9%	7.4%	7.4%	7.4%	7.1%
第二产业比重	45.7%	49.0%	51.3%	54.8%	54.5%	55.0%	55.1%	54.1%	52.6%	50.8%	46.9%	46.9%	45.2%
第三产业比重	39.3%	37.8%	36.5%	34.6%	35.6%	36.5%	36.5%	37.7%	39.5%	41.8%	45.8%	45.8%	47.8%
弹性系数	0.99	0.92	0.63	0.41	0.64	0.56	0.50	0.81	0.94	0.40	1.56	0.78	0.80
GDP 增速	13.6%	17.8%	21.9%	23.9%	6.6%	21.8%	18.2%	10.4%	7.5%	6.1%	2.8%	9.2%	10.2%
电量增速	15.6%	16.3%	15.1%	8.6%	5.1%	12.2%	10.8%	4.2%	8.4%	2.0%	4.3%	7.2%	8.2%
电量/亿 kWh	58.7	68.3	78.6	85.3	89.6	100.5	111.4	116.1	125.8	128.3	133.9	143.5	155.2

解：该地区电力弹性系数模型建立过程如下：首先，以 2005 年为基准年分别计算 2006—2017 年的电力弹性系数、第一、二、三产业占比；其次，以电力弹性系数作为被解释变量，第一、二、三产业占比作为解释变量进行尝试性回归；最终选定电力弹性系数与第二产业占比建立多项式方程模型，回归模型为

$$e^{E/GDP} = -21.548 * (R^{SGDP})^2 + 18.726 * R^{SGDP} - 3.2143$$

式中：$e^{E/GDP}$ 为电力弹性系数；R^{SGDP} 为第二产业占比。

由以上模型和参数可推算，2018—2019 年的电力弹性系数分别为 0.853 和 0.849。在给定 2018—2019 年 GDP 名义增速为 7.5% 和 7.0% 的情况下，计算得 2018 年、2019 年该地区全社会用电量分别为 165 和 175 亿 kWh，同比增速为 6.4% 和 6.0%，见表 5-4。

表 5-4   电力弹性系数法的预测结果

内 容	2018 年	2019 年
电力弹性系数	0.853	0.849
地区生产总值增长/%	7.5	7.0
全社会用电量/亿 kWh	165	175
电量增速/%	6.4	6.0

5.2.2 产业产值用电单耗法

1. 产业产值用电单耗法定义

每单位国民经济生产总值所消耗的电量称为产值单耗。产业产值用电单耗法是通过对国民经济三大产业单位产值耗电量进行统计分析，根据经济发展及产业结构调整情况，确定规划期三大产业的单位产值耗电量，然后根据国民经济和社会发展规划的指标，计算得到规划期的产业（部门）电量需求预测值。其中产值指实际产值而非名义产值。计算公式为

$$E = bg$$

式中：E 为用电量；b 为增加产值；g 为单位产值耗电量。

其中单位产值耗电量和产业结构密切相关，根据对产业结构与产值单耗关系的研究构建产业结构于产值单耗关系模型，运用模型对产值单耗进行预测，给出预测值 $\hat{g}$；用未来某时段的产值增加值的预测值 $\hat{b}$ 代替公式中的 b。用电量预测公式为

$$\hat{E} = \hat{b}\hat{g}$$

2. 预测步骤

（1）根据负荷预测区内的社会经济发展规划及确定的规划水平年 GDP 及三大产业结构比例预测结果，计算至规划水平年逐年的三大产业增加值。

（2）根据三大产业历史用电量和三大产业的用电单耗，使用某种方法（专家经验、趋势外推或数学方法如平均增长率法等）预测得到各年三大产业的用电单耗。

（3）各年三大产业增加值分别乘以相应年份的三大产业用电单耗，分别得到各年份三大产业的用电量。

3. 适用范围

用电单耗法方法简单，对短期负荷预测效果较好，但计算比较笼统，难以反映经济、政治、气候等条件的影响，一般适用于有单耗指标的产业负荷。

【例 5.2.3】 2011—2020 年，某地区第一、二、三产业用电量及用电单耗历史数据见表 5-5，试预测 2021—2025 年该地区的产业用电量。

表 5-5　　　　　　　　某地第区第一、二、三产业用电量历史数据

年　度	2011	2012	2013	2014	2015	2016	2017	2018	2019	2020
全行业用电量/亿 kWh	99.0	108.6	111.9	114.6	121.6	128.3	139.3	154.6	165.2	167.6
第一产业用电量/亿 kWh	0.7	0.8	1.0	0.9	1.0	1.3	1.2	1.2	1.2	1.2
第二产业用电量/亿 kWh	89.4	99.0	102.1	105.3	107.7	111.7	121.0	133.8	142.9	145.9
第三产业用电量/亿 kWh	8.9	8.8	8.9	8.4	12.8	15.3	17.1	19.6	21.1	20.5
一产用电单耗/(kWh/万元)	86.7	100.3	117.4	108.8	122.0	142.8	141.9	141.0	142.0	133.2
二产用电单耗/(kWh/万元)	1825.3	1861.3	1836.5	1851.1	2004.9	1979.0	1943.2	1952.1	2193.0	2122.1
三产用电单耗/(kWh/万元)	275.5	237.7	212.4	179.4	244.7	255.0	255.6	249.3	245.2	226.2

解：（1）根据该地区发展规划的各年 GDP 总值和三大产业结构，得到各年份产业 GDP 增加值，见表 5-6。

表 5-6　　　　　　　2021—2025 年第一、二、三产业 GDP 预测

年　度	2021	2022	2023	2024	2025
GDP（2015 年价）/亿元	1875	2044	2269	2563	2794
第一产业 GDP/亿元	98.1	101.8	107.7	116.3	121.2
第二产业 GDP/亿元	741.8	783.7	843.8	925.4	979.7
第三产业 GDP/亿元	1036.4	1158.5	1317.5	1523.7	1698.1

（2）根据各产业历史用电单耗及该地区未来经济发展变化趋势，设定 2021—2025 年第一、二、三产业用电单耗分别以 5％、−1.5％和 2％速度均匀变化，计算出各年的分产业单耗。产业用电单耗乘以产业增加值，计算产业用电量。三大产业用电量累加得到全行业用电量。各年度三大产业用电量的预测值见表 5-7。

表 5-7   产值单耗法的预测结果

年　　份	2021	2022	2023	2024	2025
一产用电单耗/（kWh/万元）	139.8	146.8	154.2	161.9	170.0
二产用电单耗/（kWh/万元）	2100.9	2069.4	2038.3	2007.8	1977.6
三产用电单耗/（kWh/万元）	230.7	235.3	240.0	244.8	249.7
全行业用电量/亿 kWh	181.1	190.9	205.3	225.0	238.2
第一产业用电量/亿 kWh	1.4	1.5	1.7	1.9	2.1
第二产业用电量/亿 kWh	155.8	162.2	172.0	185.8	193.7
第三产业用电量/亿 kWh	23.9	27.3	31.6	37.3	42.4

5.2.3　时间序列预测法

1. 时间序列预测法定义

时间序列预测法，就是根据多年积累的电量历史资料进行统计分析处理，建立并合理选用"时间-电量"关系的数学模型，用这个数学模型一方面来描述电力电量这个随机变量变化过程的统计规律性，另一方面在此基础上再确立电量预测的数学表达式，对未来的电量进行预测。

2. 预测步骤

（1）收集、整理该地区的电量历史数据，编制时间序列。

（2）根据电量历史数据，使用某种方法（时间回归法、移动平均法、指数平滑法等）建立近似数学模型预测得到相应结果。

3. 适用范围

时间序列预测法可用于短期预测、中期预测和长期预测。根据预测经验，预测未来较近年份数据时，应选择较短的历史数据区间；预测未来较远年份数据时，应选择较长些的历史数据区间。

【例 5.2.4】 已知某地区历史年 2005—2017 年的电量数据，详见表 5-3，请用时间序列预测法预测该地区 2018—2020 年用电量。

解：（1）根据历史年数据计算每年的增长率，画出折线图如图 5-3 所示。

（2）利用对数函数进行拟合，得到方程

$$y = -0.047\ln x + 0.1717$$

经计算分析，2017—2020 年该地区的用电量预测结果如表 5-8 所示。

表 5-8   时间序列法电量预测结果

年　　份	2017	2018	2019	2020
用电量/亿 kWh	155	166.0	177.3	188.7
增长率	8.0％	7.1％	6.8％	6.4％

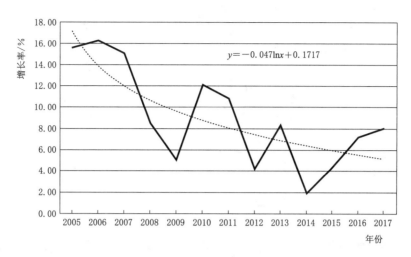

图 5-3 历史年电量增长曲线

5.2.4 类比法

1. 类比法定义

类比法是对类似事物做出对比分析，通过已知事物对未知事物或新事物做出预测，即选择一个可比较对象（地区），把其经济发展及用电情况与待预测地区的电力消费做对比分析，从而估计待预测区的电量水平。

2. 预测步骤

（1）收集对比对象历年经济发展资料（如 GDP、三大产业结构比例、人均 GDP）及相应年份的人均用电量、用电单耗、城市建成区面积等。

（2）收集待预测区基准年、规划水平年的 GDP、人口、城市建成区面积、用电量等相关指标。

（3）确定待预测区规划水平年的人均 GDP 指标相当于对比对象的哪一年，及对比对象相应水平年的人均用电量、用电单耗指标。

（4）计算待预测区规划水平年的用电量、负荷密度。

3. 适用范围

类比法计算简单，易于操作，但预测结果受人口因素影响显著，一般适用于短、中期电量需求预测。

【例 5.2.5】 某市现状用电量情况见表 5-9，预计 2020 年人均 GDP 为 10000 美元，城区面积 350km²，总人口 688 万人（城区人口 310 万人）。计算 2020 年全市用电量及饱和负荷用电水平下电量及城区负荷密度。

（1）对比主要发达国家用电及经济发展情况，日本、法国、德国、英国等国用电进入饱和时的人均用电为 6000～8000Wh，人均 GDP 在 20000～25000 美元，电力单耗在

表 5-9　　某市现状用电情况

某　　市	2004 年	2010 年
人口/万人	610	637
人均 GDP/美元	2125	4239
全市用电量/亿 kWh	74	137
人均用电量/(kWh/人)	1214	2151
全口径负荷/MW	1832.6	3520
城区负荷/MW	1169	2734
城区面积/km²	158	250

2500～3500kWh/万美元左右。这些国家人均 GDP 在 10000 美元时，人均用电量 4500～5100kWh，电力单耗 4300～5000kWh/万美元左右。

（2）2020 年某市人均 GDP 在 10000 美元，规划人口 688 万人，取发达国家人均用电量平均值，预计某市 2020 年电量 330 亿 kWh，2010—2020 年年均增速 9.2%；取发达国家电力单耗平均值计算，预计 2020 年电量 310kWh 时，年均增速 8.5%。即该市 2020 年用电量在 310 亿～330 亿 kWh 的区间，依据该市 T_{max} 变化趋势，预计 2020 年负荷 800 万～840 万 kW，城区负荷密度 1.8 万～1.9 万 kW/km² （城区负荷占全市负荷 80%）。

（3）人均 GDP 由 10000 美元增长到 25000～30000 美元，按年均增长 5% 考虑，需 19～23 年，即该市 2040 年左右电量进入增长缓慢期（即所谓饱和期）。按 0.4% 的人口增长率，预计饱和年人口 750 万人；城市建成区面积预计 550km² 左右。取发达国家人均用电量平均值，预计饱和年电量 525 亿 kWh；取发达国家电力单耗平均值计算，预计饱和年电量 450 亿～560 亿 kWh。推荐电量取值区间为 500 亿～550 亿 kWh。依据该市 T_{max} 变化趋势，预计饱和年负荷 1300 万～1450 万 kW，城区负荷密度 1.9 万～2.1 万 kW/km² （城区负荷占全市负荷 80%）。

5.2.5 平均增长率法

1. 平均增长率法定义

平均增长率法是利用电量时间序列数据求出平均增长率，再设定在以后各年，电量仍按这样一个平均增长率向前变化发展，从而得出时间序列以后各年的电量预测值。

2. 预测步骤

（1）使用 t 年历史时间序列数据计算年均增长率 α_t。

$$\alpha_t = \left(\frac{Y_t}{Y_1}\right)^{\frac{1}{t-1}} - 1$$

（2）根据历史规律测算以后各年的用电情况。

$$y_n = y_0 (1 + a_t)^n$$

式中：y_0 为预测基准值；a_t 为第 t 年预测量的增长率；y_n 为计算期末期的预测量；n 为预测年限。

3. 适用范围

平均增长率法方法理论清晰，计算简单，适用于平稳增长（减少）且预测期不长的序列预测。一般用于近期预测。

【例 5.2.6】 2005—2014 年某地区电量平均增长率为 5.5%，2014 年的用电量为 128 亿 kWh，预测 2018 年的用电量。

解：根据平均增长率法，计算为

$$y_{2018} = y_{2014} \times (1 + \alpha)^n$$
$$= 128 \times (1 + 0.055)^4$$
$$= 158.6$$

因此，2018 年的用电量为 158.6 亿 kWh。

5.2.6 人均电量法

1. 人均电量法定义

人均电量法主要是利用预测地区人口和单位人口平均用电量来计算年用电量。

2. 预测步骤

首先，利用现有数据对规划年的人口进行预测，然后预测规划年的单位人口平均用电量，对于城市生活用电，按照每人或每户的平均用电量计算；对于工业和非工业等用户，按照单位设备装接容量的平均用电量来计算。上述两种用电类型的现有和历史平均用电水平，可通过典型调查和资料分析获取；规划年的平均用电水平可通过规划部门和用户资料信息获取或通过外推预测，或者参照国内外相同类型城市的数据。人均电量法的预测公式为

$$A_h = R_f A_{Rf} + S_f A_{Sf}$$

式中：A_h 为规划年总电力需求量；R_f 为规划年预测人口；A_{Rf} 为规划年预测人均用电量；S_f 为规划年预测设备总量；A_{Sf} 为规划年预测单位设备平均用电量。

3. 适用范围

人均电量法计算方便，方法简单，但所需统计数据量大，预测工作量也非常大。

5.2.7 分行业（部门）预测法

1. 分行业（部门）预测定义

用电量预测可按行业分为九大类，分行业（部门）预测法是对各产业或各行业用电量分别进行预测，再进行叠加得到地区用电量的方法。电力负荷按照行业可以分为城乡居民生活用电和国民经济行业用电，国民经济行业用电又可分为七大类。

（1）农、林、牧、渔、水利业：包括这些行业的生产用电及有关的服务业用电。

（2）工业：包括有重工业、轻工业和农副产品加芽乡村办的工业企业的生产用电。

（3）地质普查和勘探业：包括矿产、石油、海洋、水文地质调查业、水文、工程和环境地质调查业等的用电。

（4）建筑业：凡属于建筑业生产经营活动过程的用电（包括基本建设和更新改造），即包括各行各业与建筑业有关的用电。

（5）交通运输、邮电通信业：交通运输业用电除包括铁路、公路、航空、水上运输用电外，还包括石油、天然气、煤炭等的管道运输业用电。邮电通信业用电包括邮政业、电信业的用电。

（6）商业、公共饮食业、宾馆、广告、物资供销和仓储业的用电。

（7）其他事业：包括房地产管理业、公用事业、居民服务和咨询业务、卫生、体育和社会福利、教育、文化艺术等的用电。

2. 预测步骤

先用不同方法对不同行业用电量、居民用电量分别进行预测。再将各行业用电量及居民用电量累加得到地区用电量预测值。

$$W = W_1 + W_2 + W_3 + W_4 + W_5 + W_6 + W_7 + W_8 + W_{城乡居民}$$

式中：W 为预测期的需电量指标；W_1、W_2、…、$W_{城乡居民}$ 分别为农、林、牧、渔业、制造业等八大部门和城乡居民用电量。

3. 适用范围

分部门预测法分类详细，能够对不同产业、行业分别预测，但不同产业、行业的预测依赖于其他预测方法，一般用于中、长期预测。

5.2.8 其他预测方法

1. 灰色预测

灰色系统理论是研究解决灰色系统分析、建模、预测、决策和控制的理论，近年来，它已在气象、农业等领域得到广泛应用。从电力系统的实际情况可知，影响电力负荷的诸多因素中，一些因素是确定的，而另一些因素则是不确定的，故可以把它看作是一个灰色系统。灰色系统具有计算简洁、精度高、实用性好的优点，它在电力负荷预测中已有很多成功的应用。该方法适用于短、中、长三个时期的负荷预测。在建模时不需要计算统计特征量，可以用于任何非线性变化的负荷指标预测。但其不足之处是其微分方程指数解比较适合于具有指数增长趋势的负荷指标。对于具有其他趋势的指标则有时拟和灰度较大，精度难以提高。

2. 人工神经网络

人工神经网络是一门涉及生物、电子、计算机、数学和物理等学科的交叉学科。它从模仿人脑智能的角度出发，来探寻新的信息表示、存储和处理的方式，设计全新的计算处理结构模型，构造一种更接近人类智能的信息处理系统来解决传统计算机难以解决的问题，它必将大大促进科学的进步，并具有非常广泛的应用前景。神经网络具有很强的自主学习、知识推理和优化计算的特点，以及非线性函数拟合能力，很适合于电力负荷预测问题，它是在国际上得到认可的实用预测方法之一。用于负荷预测的人工神经元网络有 BP 网络、RBF 网络、Hopfield 网络、Kohonen 自组织特征映射等，以及将小波理论结合得到小波神经网络。

3. 经济电力传导法

经济电力传导法通过对特定区域（省、市、县（区）等）建立宏观经济模型和经济电力传导模型对电力需求进行预测。电力需求预测建立在宏观经济预测的基础上。其中经济模型构建基础为宏观经济学经济增长理论和国民经济核算理论，模型结构为联立计量模型。在具体的电力模型建模过程中，模型依据变量之间的直接和间接传导机制以及指标数据统计关联特征建立两大模块：居民用电模块、全行业用电模块。居民用电模块包含农村居民用电模块和城镇居民用电模块，全行业用电模块包括第一产业、第二产业和第三产业用电模块。最后由居民用电模块和全行业用电模块汇总得到全社会用电量。

5.3 负荷需求预测

5.3.1 最大负荷利用小时法

1. 最大负荷利用小时法定义

最大负荷利用小时数法适用于最大负荷的预测。得到电量预测结果后，可采用最大负荷利用小时数法预测最大负荷。电网年最大负荷的计算方法是利用电网年需电量除以电网最大负荷利用小时数得到。

$$P_{\max} = W_n / T_{\max}$$

式中：$P_{\max}$ 为预测年份 n 的年最大负荷；W_n 为预测年份 n 的年电量；$T_{\max}$ 为预测年份 n 的年最大负荷利用小时数。

其中，年最大负荷利用小时数的选择，一种是根据历史数据由专家分析判断确定，另一种是以历史数据进行回归分析，找出负荷结构与年最大负荷利用小时数的关系，再由预测的负荷结构计算年最大负荷利用小时。

2. 预测步骤

（1）根据历史年逐年电量及负荷数据，计算历史年最大负荷利用小时数。

（2）根据年最大负荷利用小时数历史数据，采用时间序列法等方法对未来某年的最大负荷利用小时数进行预测。

（3）根据已知未来年份电量预测值，预测的最大负荷利用小时数值，计算相应年度的年最大负荷预测值。

【例 5.3.1】　2006—2015 年某市的最大负荷利用小时数历史数据见表 5-10，2016—2020 年电量预测值见表 5-11 所示。试计算逐年最大负荷预测值。

表 5-10　　　　　　　　　2006—2015 年最大负荷利用小时数

年　　份	2006	2007	2008	2009	2010	2011	2012	2013	2014	2015
最大负荷/万 kW	86.3	102.5	119.1	131.7	139.2	157.7	173.7	187.0	200.7	203.0
电量/亿 kWh	58.7	68.3	78.6	85.3	89.6	101.5	111.4	118.1	125.8	127.3
最大负荷利用小时数/h	6805	6662	6599	6478	6439	6438	6415	6314	6268	6271

表 5-11　　　　　　　　　2016—2020 年电量预测值　　　　　　　　单位：亿 kWh

年份	2016	2017	2018	2019	2020
电量	143.5	155.0	172.0	184.0	186.8

解：（1）运用时间序列法对最大负荷利用小时数进行预测。预测结果如图 5-4 趋势线所示。预计 2020 年统调最大负荷利用小时数为 6188h。

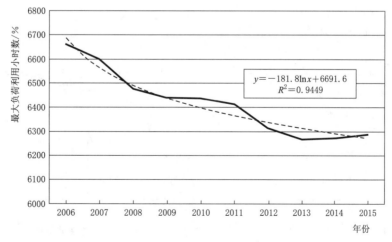

图 5-4　某市最大负荷利用小时数变化趋势示意图

（2）根据统调供电量预测结果，运用最大负荷利用小时数法可预测出"十三五"期间该市统调最大负荷见表 5-12 所示。

表 5-12   2016—2020 年统调最大负荷预测值

年份	2016	2017	2018	2019	2020
最大负荷/万 kW	229.9	249.0	276.9	296.8	301.9
电量/亿 kWh	143.48	155	172	184	186.8
最大负荷利用小时数/h	6240	6225	6212	6199	6188

5.3.2 Logistic 曲线法

1. Logistic 曲线预测模型

Logistic 曲线方程为

$$y = \frac{k}{1 + a e^{-bt}}$$

式中：k、a、b 为常数，且 $k>0$、$a>0$、$b>0$。

根据公式，可以初步得出 Logistic 曲线，如图 5-5 所示，该曲线有如下特点：

（1）饱和值 k 决定曲线的高度，k 越大，曲线的纵坐标越大；

（2）曲线最低点为 $k/(1+a)$，当 k 值确定时，由 a 的大小决定曲线下界；

（3）曲线以拐点 $((\ln a)/b, k/2)$ 为中心对称，故拐点纵坐标为 $k/2$，横坐标由 a、b 确定，当 a、k 值确定，b 值较大时，曲线的中间部分越陡，增长速度快，反之，增长缓慢；当 b、k 值确定，a 值越大，曲线增长缓慢，反之，增长迅速。

Logistic 曲线负荷预测算法需要输入历史年份及历史负荷数据，还需要输入 Logistic 曲线的饱和值和预测目标年份，由此得出未来年及中间年负荷预测结果。

Logistic 曲线的饱和度为

$$BH\% = \frac{y_0}{k} \times 100\%$$

式中：y_0 为当前年的负荷值。

通过求一阶导数可知其一阶导数恒为正，求二阶导数可知其有一个零点 (T_2, y_2)，求三阶导可知其有两个零点 (T_1, y_1) 与 (T_3, y_3)。$y(t)$ 求 3 阶导时 Logistic 曲线的四阶段划分（时间特征点）如图 5-6 所示。

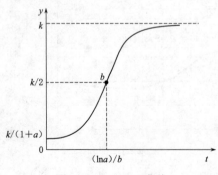

图 5-5 Logistic 曲线

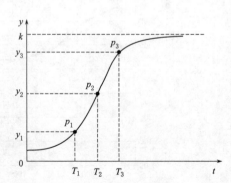

图 5-6 $y(t)$ 求 3 阶导时 Logistic 曲线
的四阶段划分（时间特征点）

由以上分析，得到三个时间节点，按照这些时间点来划分 Logistic 函数，具体如下：对 $y(t)$ 求 3 阶导之后，得到时间特征点为 T_1、T_2、T_3。其中 T_2 是加速度为 0 的点，即函数在 T_2 增长速度最快。而 T_1 和 T_3 是急动度（又称加加速度）为 0 的两个点，在 T_1 时加速度达到最大，而 T_3 时加速度最小。而结合图 5-7 以及 Logistic 函数本身的特点，可以将发展阶段划分为：$0 \sim T_1$ 为初始增长阶段，$T_1 \sim T_2$ 为快速增长阶段，$T_2 \sim T_3$ 增长速度有所减缓，称为后发展阶段，$T_3 \sim \infty$ 为饱和增长阶段。本书以增长率小于 2% 作为进入饱和阶段的判断标准，而 T_3 对应的时间则作为饱和阶段的辅助参考。

2. Logistic 曲线法预测步骤

基于 Logistic 曲线法的饱和负荷预测步骤如下：

步骤 1：输入历史数据。输入用电量、最大负荷等历史数据。

步骤 2：求取 Logistic 函数的待定参数。采用 Logistic 模型对用电量及最高负荷序列进行建模分析，对曲线待定参数进行估计，根据得到的参数求取 Logistic 曲线的三个特征时间点。

步骤 3：饱和负荷时间点和饱和规模预测。用 Logistic 曲线分别对用电量和最高负荷序列进行分析预测，首先取增长率小于 2% 时对应的预测值和年份作为进入饱和阶段的规模和时间点；然后取曲线极值的 95% 对应的值和年份分别作为饱和规模和达到饱和规模的时间点。

步骤 4：输出预测结果。如果判定指标满足要求，则输出饱和负荷预测结果，否则将年份推后一年，再次计算对应的判定指标，直到各项必要指标都满足要求。Logistic 曲线法饱和负荷计算流程图如图 5-7 所示。

5.3.3 人均电量法

该方法根据城市总体规划和各类专项规划，首先研究与环境、资源相适应的最大人口规模，并参考国外主要发达国家人均电量情况，确定城市的人均饱和用电量，在此基础上计算得出城市饱和负荷的规模，推测城市电力需求进入饱和大致的到达时间。

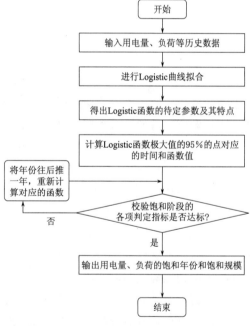

图 5-7　Logistic 曲线法饱和负荷计算流程图

1. 人均电量法预测模型

采用人均用电量方法进行饱和负荷预测的思路为：饱和年份的人口总量与人均饱和用电量相乘，即得该地区的全社会饱和用电量规模为

$$Q_s = N_s Q_a$$

最大负荷的饱和规模则可根据公式求得

$$P_s = Q_s / T_{max}$$

式中：Q_s 为全社会用电量饱和规模；Q_a 为人均用电量饱和规模；P_s 为最大负荷饱和规

模；N_s 为人口饱和规模；T_{max} 为最大负荷利用小时数。

人均电量法的预测准确程度依赖于人均饱和用电量、人口规模以及最大负荷利用小时数的预测精度。其中，最大负荷利用小时数的发展变化规律往往难以准确把握。因此本书对传统的人均电量法进行了改进，通过人均用电负荷的饱和规模和人口饱和规模，得出最大负荷的饱和规模。其负荷预测模型为

$$P_s = N_s P_a$$

式中：P_a 为人均用电负荷饱和规模；N_s 为人口饱和规模。

必须强调的是，应用人均用电量作为衡量某个地区或国家的用电负荷饱和特征，需要建立在该地区或国家一定时间内人口规模变化不大，人口流动性不强这一前提下，对于尚在人口高速增长或剧烈变动的地区，该模型的使用需要仔细斟酌。

2. 人均电量法预测步骤

人均电量法的饱和负荷预测步骤如下：

步骤1：输入历史数据。输入人均用电量、人均用电负荷、人口等历史数据。

步骤2：预测人均用电量、人均用电负荷和人口。采用 Logistic 模型对人均用电量及人均用电负荷序列进行建模分析，对曲线待定参数进行估计。对于人口的预测可以根据预测地区的人口发展特点采用 Logistic 模型、修正指数模型或其他预测模型进行预测。

步骤3：确定饱和负荷时间点和饱和规模。首先取增长率小于 2% 时对应年份作为进入饱和阶段的时间点，然后取 Logistic 曲线极值的 95% 对应年份作为达到饱和规模的时间点，用对应年份的人口预测值计算全社会用电量和最大负荷的饱和规模。

步骤4：输出预测结果。如果判定指标满足要求，则输出饱和负荷预测结果，否则将年份推后一年，再次计算对应的判定指标，直到各项必要指标都满足要求为止。

5.3.4 基于影响因素分析的多维度负荷预测方法

1. 多维度法预测模型

影响电力电量饱和负荷的因素很多，包括经济、人口、电价、气候环境以及政策因素等。其中所研究区域的电量、经济、人口的数据相对容易获得，而由于我国电价基本由政府根据当地情况规定，而非市场化的电价，所以电价因素的实际变动数据难以获得，而且在本书中研究意义不大。气候环境以及政策因素的变动往往比较笼统，难以有一个定量的指标来进行分析，且政策的变动会直接性或间接性地影响到经济与人口的情况。所以本文选取比较容易获得、且容易进行影响程度评价的经济与人口因素作为主要影响因素与自变量来建立饱和负荷预测的多维度数学模型。在本书电力电量饱和负荷预测中，依据多维度预测的数学模型，把电力、电量作为因变量，人口，经济作为自变量来建立相应的数学模型如下：

$$E_t = f(GDP_t, POP_t)$$
$$P_t = g(GDP_t, POP_t)$$

式中：E_t 为所研究区域时间 t 年份对应的用电量；GDP_t 为所研究区域时间 t 年份对应的

生产总值；POP_t 表示所研究区域时间 t 年份对应的人口数量。多维度饱和负荷预测基本思路如图 5-8 所示。

通过电量对各自变量求偏导，即可求得对应自变量值的灵敏度，$\dfrac{\partial E_t}{\partial GDP_t}$ 可以求得 GDP（经济因素）变动对电量的影响程度及大小，

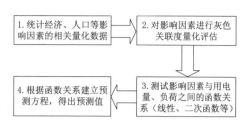

图 5-8 多维度饱和负荷预测基本思路

从而对影响程度进行具体量化分析；$\dfrac{\partial E_t}{\partial POP_t}$ 可以求得人口变动对电量的影响程度及大小，从而对影响程度进行具体量化分析。这样即便用电量达到了饱和，我们依然可以分析经济因素与人口因素变动对饱和电量的影响与冲击大小。当国际金融环境变动对经济造成冲击与变动时，或者一些政策的变动引起所研究区域人口的变动，比如电量饱和时北京出台了相应的政策鼓励更多的人离开北京到其他地方发展，可以通过这样的建模方法计算评估这些经济因素及人口因素的变动对饱和用电量带来的影响与冲击。

在运用多维度预测方法进行建模分析时，除了选取 GDP 和人口之外，也可以根据某地区的发展定位及产业结构等具体情况以及适应于我国中长期电力需求预测的经济社会发展指标体系的研究情况选取更多的因素进行建模，如人均 GDP、第三产业增加值占 GDP 比重、城镇化率及居民消费水平等影响因素。

2. 多维度法预测步骤

基于影响因素分析的多维度饱和负荷预测步骤如下：

步骤 1：输入历史数据。输入用电量、负荷、人口、经济等历史数据。

步骤 2：预测经济、人口等影响因素。对 GDP、人口、产业结构、城镇化率及居民消费水平等影响因素的历史数据序列进行建模分析。对于这些影响的预测可以根据预测地区的发展特点采用 Logistic 模型、灰色 GM 模型或其他模型进行预测。

步骤 3：进行模型测试。根据预测地区的实际情况选取合适的影响因素进行多元回归建模分析，测试影响因素与用电量和最高负荷之间的函数关系（线性、二次函数、指数函数等），并运用最小二乘法确定待定参数。

步骤 4：确定饱和负荷时间点和饱和规模。首先取增长率小于 2% 时对应的预测值和年份作为进入饱和阶段的规模和时间点，然后取函数极值的 95% 对应的函数值和年份作为最终饱和规模和达到饱和规模的时间点。

步骤 5：输出预测结果。如果判定指标满足要求，则输出饱和负荷预测结果，否则将年份推后一年，再次计算对应的判定指标，直到各项必要指标都满足要求为止。

5.4 负荷特性分析

负荷特性分析是归纳负荷变化规律、确定预测方案的前提。在实际应用中，通常采用特定指标反映负荷特性。在配电网规划设计中，常用的指标有最大负荷、负荷率及最大利

用小时数等。

1. 日峰谷差以及日峰谷差率

日峰谷差：日最大负荷与最小负荷之差。

日峰谷差率：日最大负荷与最小负荷之差与日最大负荷的比值。

2. 年峰谷差及年峰谷差率

年峰谷差：年最大负荷与最小负荷之差。

年峰谷差率：年最大负荷与最小负荷之差与年最大负荷的比值。

3. 年负荷率

年负荷率年平均负荷与年最大负荷的比值。

4. 年最大峰谷差、年平均峰谷差、年平均峰谷差率

年最大峰谷差：一年中日峰谷差的最大值。

年平均峰谷差：一年中日峰谷差的平均值。

年平均峰谷差率：一年中日峰谷差率的平均值。

5. 年最大负荷利用小时数

年最大负荷利用小时数主要用于衡量负荷的时间利用效率。

年最大负荷利用小时数＝年用电量（kWh）/年最大负荷（kW）。

5.5　分压负荷预测及容量需求

分电压等级网供负荷预测主要是预测各电压等级网供负荷，计算各级电网变（配）电容量需求。

1. 110(66)kV 网供负荷

110(66)kV 网供负荷＝全社会用电负荷－厂用电－220kV 及以上电网直供负荷－110(66)kV 电网直供负荷－220kV 直降 35kV 负荷－220kV 直降 10kV 负荷－35kV 及以下上网且参与电力平衡发电负荷。

或者 110(66)kV 网供最大负荷≈220kV 网供负荷－220kV 直降 35kV 负荷－220kV 直降 10kV 负荷－110(66)kV 装机－110kV 直供最大负荷。

2. 35kV 网供负荷

35kV 网供负荷＝全社会用电负荷－厂用电－35kV 及以上电网直供负荷－220kV 直降 10kV 供电负荷－110kV 直降 10kV 供电负荷－35kV 公用变电站 10kV 侧上网且参与电力平衡的发电负荷。

或者 35kV 网供最大负荷≈220kV 直降 35kV 负荷＋110(66)kV 直降 35kV 负荷－35kV 装机容量－35kV 直供负荷。

3. 10kV 网供负荷

10kV 网供最大负荷≈全社会最大负荷－220kV 直供最大负荷－220kV 直降 35kV 负荷－110(66)kV 直供最大负荷－110(66)kV 直降 35kV 负荷－35kV 直供负荷－10kV 直供负荷－10kV 电源装机容量。

5.6　空间负荷预测

空间负荷预测主要用于城市控制性详细规划已确定的地区，在时间上可预测未来负荷发展的饱和状态及其增长过程；在空间上预测负荷的分布信息，为配电网规划提供科学依据。

城市饱和负荷是对城市负荷发展水平所能达到最终规模的基本估计，是包括城市发展定位、资源条件、能源消费结构、技术进步以及政策措施等多种影响因素综合作用的结果。准确预测城市饱和负荷的总体水平，应该基于对以上影响因素特别是关键性主导因素的正确分析，结合本地区经济发展水平以及国内外同类型城市的相关资料研究揭示城市负荷增长规律和趋势，依托于城市控制性详细规划和相关规划，采用以空间负荷预测为代表的先进的、科学的预测方法而得到。

空间负荷预测一般采用负荷密度法计算，即类比已达到规划目标年预期用电水平的典型地块及用户的用电情况为样本，计算典型负荷密度指标，开展逐个地块或用户的负荷预测，并汇总得到整个规划区的总负荷。负荷密度指标是最大负荷与用地面积的比值，将规划区域用地按照一定的原则划分成相应大小的规则（网格）或不规则（变电站、馈线供电区域）的小区，通过分析、预测规划年城市小区土地和用地特征和发展规律，来进一步预测相应小区中电力用户和负荷分布的地理位置、数量、大小和产生的时间。预测公式为

$$P = \sum_{i=1}^{n} (D_i S_i) \eta$$

式中：P 为最大负荷，MW；D_i 为负荷密度指标，MW/km^2；S_i 为用地面积，km^2；η 为同时率，一般根据各类负荷的历史情况推算得到。

使用负荷密度法时，居住用地与公共建筑一般采用单位建筑面积负荷密度指标；工业用地等一般采用单位占地面积负荷密度指标。负荷密度指标可通过类比国内或国外相同性质用地进行取值。其预测步骤为：

（1）根据城市控制性详细规划确定的各个地块用地性质、用地面积及容积率等指标，按《城市电力规划规范》（GB/T 50293—2014）确定的城市建设用地用电负荷分类，统计规划区分地块及分类用地性质及建筑面积。计算公式为

$$S = 100 S_{zd} k_{rj}$$

式中：S 为建设面积，万 m^2；S_{zd} 为占地面积，km^2；k_{rj} 为容积率。

（2）确定单位建筑面积用电指标及单位占地面积用电指标。根据《城市电力规划规范》（GB/T 50293—2014）选取用电指标，依据《工业与民用供配电设计手册（第四版）》选取需用系数，计算各类用地单位面积用电指标。计算公式为

$$W_s = W_{jz} k_{xy}$$

式中：W_s 为单位面积用电指标，W/m^2；W_{jz} 为单位建筑面积用电指标（单位占地面积用电指标），W/m^2；k_{xy} 为需用系数。

《城市电力规划规范》（GB/T 50293—2014）中规定：当采用单位建设用地负荷密度

法进行负荷预测时，其规划单位建设用地负荷指标宜符合表5－13的规定。

表5－13　　　　　　　　　　　　规划单位建设用地负荷指标

城市建设用地类别	单位建设用地负荷指标/(kW/hm²)
居住用地（R）	100～400
商业服务业设施用地（B）	400～1200
公共管理与公共服务设施用地（A）	300～800
工业用地（M）	200～800
物流仓储用地（W）	20～40
道路与交通设施用地（S）	15～30
公用设施用地（U）	150～250
绿地与广场用地（G）	10～30

注：超出表中建设用地以外的其他各类建设用地的规划单位建设用地负荷指标的选取可根据所在城市的具体情况确定。

5.7　灵活资源预测

5.7.1　储能规模预测

储能是智能电网、可再生能源高占比能源系统和能源互联网的重要组成部分和关键支撑技术。储能能够为电网运行提供调峰、调频、备用、黑启动及需求响应支持等多种服务，是提升传统电力系统灵活性、经济性和安全性的重要手段；储能能够显著提高风、光等可再生能源的消纳水平，支撑分布式电力及微网，是推动主体能源由化石能源向可再生能源更替的关键技术；储能能够促进能源生产消费开放共享和灵活交易、实现多能协同，是构建新型电力系统，促进能源新业态发展的核心基础。本节储能仅涉及电化学储能。

电化学储能规划宜作为电源规划和电网规划的组成部分，规划年限应与电源规划、电网规划年限相适应。以需求为导向，遵循技术可行、安全可靠、经济合理、绿色环保的原则，从全寿命周期角度深化储能成本效益分析，合理确定发展规模、设施布局及建设时序，引导电化学储能合理布局及有序发展。现阶段电化学储能的配置主要包括：电源侧、电网侧和用户侧三种场景。

（1）电源侧：配置于新能源发电侧的电化学储能，可实现新能源的平滑出力，提高风、光等资源的利用率。现阶段其容量配置一般按装机容量10%～20%配置。配置于常规电源侧的电化学储能，有利于提升常规电源机组的调节性能和运行灵活性，其容量配置宜从满足机组最小技术出力和机组调节速度的角度考虑。

（2）电网侧：电网侧电化学储能可用于电力系统严重事故下的电网频率支撑，其容量应满足电网安全稳定要求，通过频率仿真计算确定。用于电网日调峰和日顶峰调控的储能，其配置容量根据全年负荷特性，选取峰谷差率较大的典型日，统筹需求响应等手段进行分析确定。

（3）用户侧：用户侧电化学储能需求分析应考虑电价机制、用户意愿和储能运营模式，以需求预测为主。

5.7.2　可控负荷预测

充分挖掘用户侧可调节资源，实现从源随荷动转变为源荷互动，开展用户侧需求响应激励政策，汇集用户负荷响应资源，保障电网安全稳定运行和清洁能源完全消纳。汇集工业、商业楼宇、充电桩及智慧家居等多种负荷类型，试点虚拟电厂、负荷集成等新型业务模式，强化精准引导，加强用户参与日前需求响应方案研究，探索日前需求响应模式。精准筛选客户侧高潜力资源，开展用电客户削峰填谷潜力分析、柔性负荷可调节潜力分析和用电负荷特征分析，识别筛选符合响应需求的高潜用户。全方位优化客户获得感流程，研究影响客户收益获得的关键点及风险点，设计需求响应方式最优方案，关注客户体验，优化需求响应获得感流程，提高用户参与度及获得感。

可控负荷预测原则：可根据全社会最大用电负荷5%调节能力要求以及低谷电网调峰需求，安排削峰负荷和填谷负荷。

5.7.3　充电负荷预测

电动汽车大规模接入电网充电，将对电力系统的运行与规划产生不可忽视的影响。接入电网后将使系统负荷水平提高，同时使得配电网中线路、配变等设备负载增加，同一区域过多接入可能导致过载。同时大量充电设施的建设对配电网的升级改造及规划提出更多要求。因此在新型电力系统建设模式下，需要充分考虑电动汽车等多元负荷的接入。

充电桩的配给规模与电动汽车的保有量直接相关。从已有城市的经验来看，城市小汽车保有量的增长规律将直接决定电动小汽车的潜在市场。充电设施的规模和布局与电动汽车的保有量和出行特征密切相关。对于非公共充电设施而言，决定其规模和布局的是电动汽车的保有量、家庭和单位停车位供给以及保有量空间分布；对于公共充电设施而言，影响其规模和布局的是使用公共充电桩的电动汽车比例及其空间出行特征。

电动汽车主要包括私家车、出租车、网约车及公交车等，不同类型的电动汽车充电设施布局原则不同，人均电动汽车保有量、车桩比及快慢充桩比存在差异。详细的充电设施布局成果需参考电动汽车充电设施布局专项规划，中远期充电负荷预测以布局成果为依据，近期充电负荷预测应综合考虑布局成果与用户报装。单桩负荷：单座快充桩充电负荷约为30～120kW，单座慢充桩负荷约为3.3～7kW。私家车主要采用慢充为主，快充为辅；出租车与网约车以快充为主、慢充为辅；公交车为快充。

1. 出租车

从行驶特性来看，出租车在时间和空间两个维度均呈现出较强的随机特性。从运营管理来看，出租车一般由专业化出租车公司或网约车平台集中运营管理，日均行驶里程约为350～500km。运营模式一般实行昼夜轮班模式，即12小时交接班一次。出租车行驶里程长，受换班、用餐和夜间运行等因素影响，一天需多次充电。相关研究表明，电动出租车充电开始时刻呈分段概率分布的特点，其对应的每次充电前的行驶里程也具有分段分布的特点，分为4个时段，分别为0:00—9:00、9:00—14:00、14:00—19:00及19:00—24:00，各时段充电特性均服从正态分布。

2. 公交车

从行驶特性来看，电动公交车呈现高度规律的特性，行驶路线与运营时间相对固定，一般集中在白天运行、夜间停放。公交车日均行驶里程约为 150～200km。不考虑夜间班车，公交车首班发车时间一般为 5:30—6:30，末班发车时间一般为 20:00—21:00，每天上下班时间（6:30—9:00，16:30—18:30）为公交车运行高峰时段，发车间隔一般平均为 5min，所有车辆均参与运行，其余时段发车间隔则较长，约 10～15min。电动公交车如果在每天运营前充满电，正好可以满足一天运营需求，中途一般不需要进行补电。鉴于此，假设公交车每日一充，即公交车结束一天运营后开始充电。

3. 私家车

从行驶特性来看，私家车充电地点主要集中在住宅区、工作区及商场超市等公共场所，日均行驶里程约为 30～100km，充电频次为多日一充，每周 1～3 次充电。相关研究表明，工作日私家车在白天时段 8:00—20:00 多在工作区充电，呈近似均匀分布；在 20:00—7:00 多在住宅区充电，呈正态分布。

4. 综合预测

负荷预测：结合不同种类电动汽车负荷特性和电动汽车充电设施空间布局规划成果、保有量分析结果与充电类型，通过计算预测不同时刻负荷：

$$P_{G2V,i} = (P_{快} \alpha_{私} + P_{慢} \beta_{私}) \times S_{私} + P_{快} \times S_{公} + (P_{快} \alpha_{租} + P_{慢} \beta_{租}) \times S_{租}$$

式中：$P_{G2V,i}$ 表示 i 时刻电动汽车充电负荷；$\alpha_{私}$、$\beta_{私}$ 分别表示私家车快充概率与慢充概率，其和等于 1；$\alpha_{租}$、$\beta_{租}$ 分别表示出租车/网约车快充概率与慢充概率，其和等于 1；$S_{私}$、$S_{公}$、$S_{租}$ 分别表示私家车、公交车、出租＋网约车数量之和，三类电动汽车的数量。最后叠加不同电动汽车单日负荷曲线即可得到全地区单日负荷。

5.8 计及灵活资源的负荷预测及电力平衡示例

5.8.1 负荷预测

5.8.1.1 地区负荷特性分析

1. 年负荷特性分析

2010—2020 年期间，Q 地区统调最大负荷逐年增长，由 2010 年的 131.5 万 kW 增加到 2020 年的 262.1 万 kW，年均增长 7.1%。期间，年负荷率在 67.4%～69.7% 之间，最大峰谷差较为平稳，直至 "十三五" 末期扩大，2020 年达到 110.3 万 kW，较 2010 年增加了 65.95 万 kW。2010—2020 年最大负荷及峰谷差如图 5-9 所示。

2. 月负荷特性分析

Q 地区分月负荷呈现明显的季节性特征，气温变化是影响全市最大负荷波动的主要因素。7 月、8 月受夏季高温的影响，负荷达全年最大值，而且存在较多的空调降温负荷；6 月、9 月负荷相对较小，存在部分空调降温负荷；4 月、5 月、10 月及 11 月负荷数值相近，历年数值的增加主要由生产和生活活动需求增长引起，一般作为基础负荷；12 月、1 月负荷受低温产生的采暖负荷和年末经济增长特性等影响常出现 "翘尾" 现象，采暖负荷约占最大负荷的 9%；年最小负荷一般出现在包含春节假期的 2 月或 3 月。在 "十二五"

图 5-9 2010—2020 年最大负荷及峰谷差

和"十三五"前三年两个时间段内，月最大负荷的季节性特征未有明显改变。

主要年份的月最大负荷曲线如图 5-10 所示。

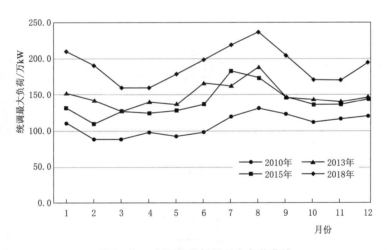

图 5-10 主要年份的月最大负荷曲线

3. 日负荷特性分析

Q 地区造纸、化工等行业比重较大，产业结构偏重，工业用电占比接近八成，呈现"峰谷倒置"现象。选取 2010 年、2015 年、2017 年及 2019 年典型日的负荷数据进行统计分析，可以看出，与其他地区不同，Q 地区的典型日负荷曲线呈现晚高峰特性。从 2010 年到 2019 年，典型日的负荷特性曲线趋势基本一致，典型日的最大负荷出现时间均为晚上 22—23 点，典型日的最小负荷出现在上午 9—11 时。

2010—2019 年典型日负荷曲线如图 5-11 所示。

4. 行业负荷类型特性分析

对工业用地、物流仓储用地、学校用地、商业用地、居住用地等进行特性分析，各类用地典型负荷曲线图如图 5-12 所示。

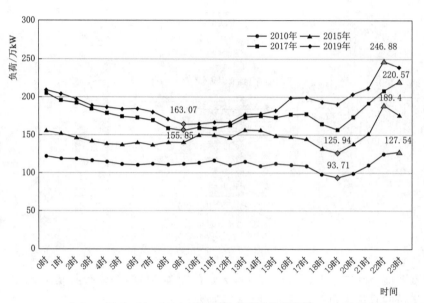

图 5-11 2010—2019 年典型日负荷曲线

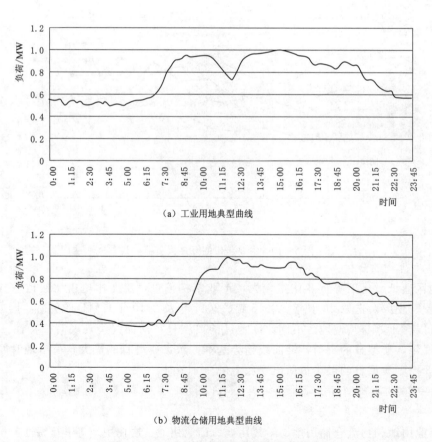

（a）工业用地典型曲线

（b）物流仓储用地典型曲线

图 5-12（一） 各类用地典型负荷曲线图

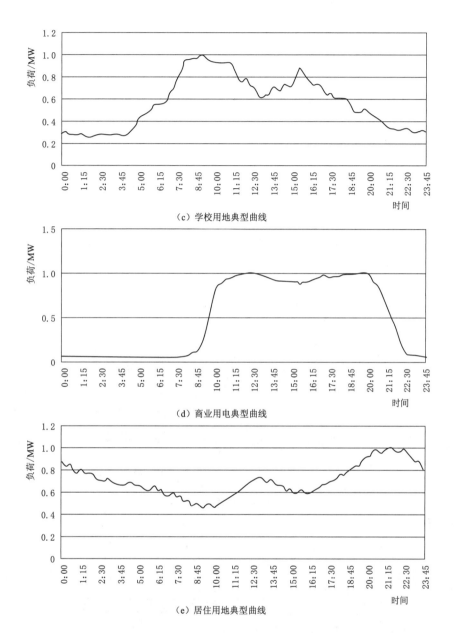

（c）学校用地典型曲线

（d）商业用电典型曲线

（e）居住用地典型曲线

图 5-12（二）　各类用地典型负荷曲线图

5.8.1.2　负荷预测方法

1. 时间序列法

2020 年某地区全社会最高供电负荷为 316 万 kW，较 2019 年增长 8.2%。2005—2020 年电力负荷发展曲线如图 5-13 所示。2005—2020 年电力负荷增长率发展趋势如图 5-14 所示。

根据负荷实测，2020 年全社会负荷达到 316 万 kW，经计算分析，2025 年全社会负荷将达到 405 万 kW。时间序列法负荷预测结果见表 5-14。

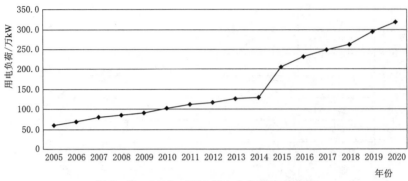

图 5-13   2005—2020 年电力负荷发展曲线

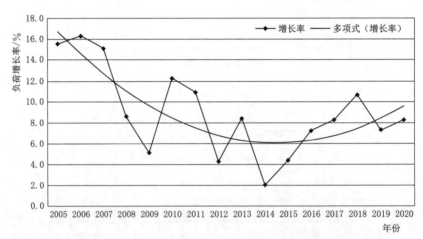

图 5-14   2005—2020 年电力负荷增长率发展趋势图

表 5-14   时间序列法负荷预测结果

指标名称	2021 年	2022 年	2023 年	2024 年	2025 年
方案一	高方案				
最高负荷/万 kW	338.1	359.7	380.9	402.8	425.9
增长率/%	6.7	6.4	5.8	5.9	5.4
方案二	中方案				
最高负荷/万 kW	329.7	341.7	358.9	376.5	405.3
增长率/%	6.5	6.6	5.3	5.0	4.7
方案三	低方案				
最高负荷/万 kW	321.3	323.7	336.9	350.1	392.6
增长率/%	6.3	6.4	4.5	4.1	3.9

2. 最大负荷利用小时数法

最大负荷利用小时数法是通过先预测规划年份地区的用电量，再将其除以最大负荷利用小时数即得规划年份地区的电力负荷。比较地区的电力负荷和用电量，电量数据的变化规律性较强，其历史数据受限电和异常变化的影响较小。而电力数据受电网限电运行等因素的影响较大，可能失真较大，规律性较差。这就是最大负荷利用小时数法预测电力负荷的优势所在。2005—2020 年最大负荷利用小时数发展趋势图如图 5-15 所示。

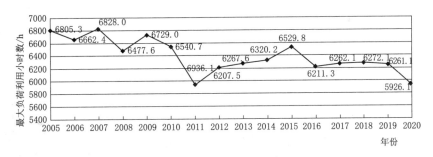

图 5-15　2005—2020 年最大负荷利用小时数发展趋势图

由图可见，该地区最大负荷利用小时数总体呈下降趋势，（2015 年负荷利用小时数为 6529h 是一不正常点，分析时需将其校正）。而在 2012 年之后，这种下降的趋势变得非常缓慢。回归法预测最大负荷利用小时数见表 5-15。

表 5-15　　　　　　　回归法预测最大负荷利用小时数　　　　单位：万 kW

预测方法	2021 年	2022 年	2023 年	2024 年	2025 年	2035 年
对数回归	5961	6186	6084	6004	5984	5126
乘幂回归	5961	6186	6084	6004	5984	5126

由表 5-15 可知，两种预测方法的预测结果非常接近，鉴于对数回归法数据较乘幂回归法更加接近实际，因此取对数回归法的预测结果作为最终预测结果。将最大负荷利用小时数代入表 5-15。计算得到负荷利用小时法最高供电负荷预测结果见表 5-16。

表 5-16　　　　　　　负荷利用小时法最高供电负荷预测结果

方案	指　标　名　称	2021 年	2022 年	2023 年	2024 年	2025 年
高方案	最大用电负荷/万 kW	336.2	356.1	375.3	395.1	421.6
	全社会用电量/亿 kWh	200.4	220.3	228.3	237.2	252.3
中方案	最大用电负荷/万 kW	330.9	341.3	359.4	376.9	406.0
	全社会用电量/亿 kWh	197.3	211.1	218.8	226.3	235.0
低方案	最大用电负荷/万 kW	325.6	326.5	344.0	358.6	369.8
	全社会用电量/亿 kWh	194.1	202.0	209.3	215.3	221.3

5.8.2　计及灵活资源的电力平衡案例

与传统配电网规划不同，在新型电力系统下，区域电网电力平衡需要充分考虑各类灵活资源及新能源的情况，如光伏、储能及可控负荷等。

1. 平衡原则

6000kW及以上小火电按50%的装机容量参与平衡；6000kW及以上小水电按30%的装机容量参与平衡；6000kW以下小水电按20%的装机容量参与平衡；6000kW以下小火电不参与平衡，具体见表5-17。光伏根据各地区差异进行平衡，储能、可控负荷按100%参与平衡考虑。

表 5-17   水电、火电平衡原则

类 型	参与平衡原则
6000kW及以上小火电	50%装机容量
6000kW及以上小水电	30%装机容量
6000kW以下小水电	20%装机容量
6000kW以下小火电	不参与

2. 110kV网供负荷平衡示例

对某地区"十四五"期间逐年进行110kV电压等级电力平衡，其中灵活资源参与平衡，储能及可控负荷按100%参与，需求响应等弹性资源按30%参与，光伏暂不参与平衡。

110kV网供负荷＝全社会最大负荷－110kV及以上大用户负荷－220kV变电站低压侧直供负荷－35kV及以下非统调电厂出力-光伏出力-储能-可控负荷-需求响应等弹性资源。

某地区"十四五"期间逐年110kV电力平衡结果示例见表5-18。

表 5-18   某地区"十四五"期间逐年110kV电力平衡结果示例   单位：万kW

年 份	2020	2021	2022	2023	2024	2025
全社会最大负荷	316	342	375	410	450	490
扣除110kV及以上大用户	52.2	52.2	56	56	56	56
220kV变电站低压侧直供负荷	29	25	26	26	25	26
35kV及以下非统调电厂装机	106.27	109.41	112.71	116.18	119.82	123.64
其中：6000kW以上水电	17.49	17.49	17.49	17.49	17.49	17.49
6000kW以上火电	9.2	9.2	9.2	9.2	9.2	9.2
6000kW以下水电	0	0	0	0	0	0
6000kW以下火电	16.69	16.69	16.69	16.69	16.695	16.69
其他	62.88	66.03	69.33	72.79	76.43	80.26
非统调电厂出力	13.2	13.2	13.2	13.2	13.2	13.2
光伏出力	149	178	206	235	280	310
储能	1.0	2.0	5.0	8.0	12.0	16.0
可控负荷	9	11.4	13.8	16.2	18.6	21
需求响应等弹性资源	1.0	2.0	3.0	5.0	8.0	12.0
110kV网供负荷	211.3	237.6	260.1	289.1	322.8	354.2

6 适应新型电力系统构建的供电区域划分及网架规划

6.1 供电区域划分

6.1.1 总体原则

供电分区是开展高压配电网规划的基本单位，主要用于高压配电网变电站布点和目标网架构建。供电分区宜衔接城乡规划功能区、组团等区划，结合地理形态、行政边界进行划分，规划期内的高压配电网网架结构完整、供电范围相对独立。供电分区可按县（区）行政区划分，对于电力需求总量较大的市（县），可划分为若干个供电分区，原则上每个供电分区负荷不超过 1000MW。供电分区划分应相对稳定、不重不漏，且具有一定的近远期适应性。

6.1.2 划分依据

供电区域划分是配电网差异化规划的重要基础，用于确定区域内配电网规划建设标准，主要依据饱和负荷密度，也可参考行政级别、经济发达程度、城市功能定位、用户重要程度、用电水平及 GDP 等因素确定。

6.1.3 划分类型

（1）供电区域面积不宜小于 $5km^2$。

（2）计算饱和负荷密度时，应扣除 110(66)kV 及以上专线负荷，以及高山、戈壁、荒漠、水域及森林等无效供电面积。

（3）供电区域划分见表 6-1。表中主要分布地区一栏作为参考，实际划分时应综合考虑其他因素。

表 6-1 供电区域划分表

供电区域	A+	A	B	C	D	E
饱和负荷密度 σ /(MW/km²)	$\sigma \geq 30$	$15 \leq \sigma < 30$	$6 \leq \sigma < 15$	$1 \leq \sigma < 6$	$0.1 \leq \sigma < 1$	$\sigma < 0.1$
主要分布地区	直辖市市中心区、或省会城市、计划单列市核心区	地级市及以上城区	县级及以上城区	城镇区域	乡村地区	农牧区

6.2 供电网格划分

6.2.1 总体原则

在新型电力系统下，供电网格划分要按照目标网架清晰、电网规模适度及管理责任明确的原则，不仅要考虑供电区域相对独立性、网架完整性及管理便利性等需求，更要按照资源禀赋考虑网格内新能源等的分布情况。

6.2.2 划分依据

供电网格划分依据能源资源禀赋，以能源的输入输出和自平衡为基础，以区域规划中各地块功能及开发情况为依据，充分考虑现状风、光和水等资源因素，与饱和负荷预测结果进行平衡校核，结合现状电网改造难度及街道河流等因素进行划分。网格划分应相对稳定，且具有一定的近远期适应性。

供电网格划分宜兼顾规划设计、运维检修及营销服务等业务的管理需要。

6.2.3 划分类型

以新能源为主体的新型电力系统下，供电网格按照能源装机与负荷叠加后的结果划分为能源输出型、能源输入型和能源自平衡型三大类。

能源输出型网格：以山区、乡村以及水电、光伏、风电等资源丰富区域为主。规划重点是清洁能源的接入和送出，在清洁能源可开发容量预测的基础上，结合其出力特性，分析配网可开放容量，确定建设目标规模。

能源输入型网格：以市区、城镇及工业园区等能源消费密集型区域为主。规划重点是多元负荷的聚合互动和电网沉睡资源的唤醒，提高电网设备利用效率，提高电网自愈能力，建设坚强可靠目标网架。

能源自平衡型网格：以开发区、海岛及城市郊区等能源消费可基本自给自足区域为主。规划重点是提升电网灵活调节能力和源网荷储协调控制能力，通过数智赋能和技术创新提升资源利用率，结合储能配置提升经济性的同时，保障可靠用电的需求。

各类供电区域的规划目标见表6-2。

表6-2   各类供电区域的规划目标

供电区域	供电区域	供电可靠率（RS-1）	综合电压合格率
能源输出型网格	山区、农村以及水电光伏、风电资源丰富区域	用户年平均停电时间不高于9h（≥99.897%）	≥99.70%
能源输入性网格	市区、城镇区域	用户年平均停电时间不高于52min（≥99.990%）	≥99.98%
	工业园区	用户年平均停电时间不高于3h（≥99.965%）	≥99.95%
能源自平衡型网格	开发区、海岛、郊区区域	用户年平均停电时间不高于3h（≥99.965%）	≥99.95%

注：1. RS-1计及非停电时间占比。
　　2. 用户年平均停电次数目标宜结合配电网历史数据与用户可接受水平制定。
　　3. 各类供电区域宜由点至面、逐步实现相应的规划目标。

6.2.4 网格平衡原则

网格平衡主要用于确定网格所需中压馈线数量。在新型电力系统建设背景下，各网格应根据网格内能源资源禀赋，充分考虑新能源、小水电、储能及可调节负荷等因素进行平衡，其参与比例应根据平衡场景所处季节、负荷峰谷差及电源最小出力等特性确定。各类型风格场景的电力平衡原则参考见表6-3。

表6-3 各类型网格场景的电力平衡原则参考

网 格 划 分 场 景			
能 源 自 平 衡 型		能 源 输 入 型	能 源 输 出 型
取网供绝对值的最大值	春谷时光伏按85%出力取值，按80%参与平衡，储能30%参与平衡，可调节负荷50%参与平衡	夏峰时光伏按85%出力取值，按20%参与平衡，储能30%参与平衡，可调节负荷50%参与平衡	春谷时光伏按85%出力取值，按80%参与平衡，储能30%参与平衡，可调节负荷50%参与平衡
	夏峰时光伏按85%出力取值，按20%参与平衡，储能30%参与平衡，可调节负荷50%参与平衡		

6.2.5 供电网格划分示例

以 Z 省 QZ 地区 107 个供电网格为例，划分为能源输出型、能源输入性和能源自平衡型三类。细分为城市、省级工业园区、城镇、开发区和农村区域，每个区域可进一步细分为成熟区、建设区和自然发展区。Z 省 QZ 地区适应新型电力系统构建的供电网格划分一览表见表6-4。

表6-4 Z省QZ地区适应新型电力系统构建的供电网格划分一览表

供电区域	能源输入型网格		能源自平衡型网格				能源输出型网格
	城市、省级工业园区（A/B）		城镇（C）		一般开发区（B）		农村（D）
	成熟区	建设区	成熟区	建设区	成熟区	建设区	自然发展区
柯城区	盈川、市府、鹿鸣、恒大、城北、老城区、双港、火车站、下张、市场、城郊、巨化、高新I期	西区II期、高新II期	崇文、石梁、航埠镇的镇区范围		东港、航埠工业园区	东岳	九华七里、华墅；崇文、石梁、航埠的农村区域
衢江区	区府	东港一、东港二、东港三、东港四、东港五	云溪、廿里的镇区范围				杜泽、上方、莲花、黄坛口、湖南、库区、大洲、全旺；云溪、廿里的农村区域
龙游县	老城区、龙游经济开发区一期	城东片区	占家镇、湖镇镇、溪口镇、小南海镇的镇区范围			龙游经济开发区二期、三期	石佛乡、横山镇塔石镇、模环乡庙下乡、沐尘乡、大街乡、罗家乡、社阳乡、下库、龙洲南；占家镇、湖镇镇、溪口镇、小南海镇的农村区域

续表

供电区域	能源输入型网格				能源自平衡型网格				能源输出型网格
	城市、省级工业园区（A/B）		城镇（C）		一般开发区（B）		农村（D）
	成熟区	建设区	成熟区	建设区	成熟区	建设区	自然发展区
江山市	城南、城北、贺村镇中	江东、清湖	峡口的镇区范围		特色工业园	淤头、山海	碗窑、大陈、上余、新塘边、坛石、石门、张村、凤林、廿八都；峡口的农村区域
常山县			老城、赵家坪、城西、城南	城东新区	新都工业园西、工业园东、辉埠园区	绿色园区	阁底、官庄、江南、芳村、新桥、山背、同弓、球川、白石
开化县			根博、玉屏、南湖、生态	华民、华阳			虹桥、苏庄、村头、齐溪、封家、桐村、中村、林山、杨林

6.3　能源输出型网格配电网全电压网架规划

6.3.1　网架规划

　　能源输出型网格配电网主要适用于山区、乡村和农村等能源资源丰富密集型区域，供电区域类型以 C 类、D 类为主。供电区域电网结构见表 6-5。

表 6-5　　　　　　　　　　　供电区域电网结构

供电区域类型	目标年电网结构	远景年电网结构
C 类	电缆网：单环式	电缆网：带智能软开关的单环式
	架空网：多分段适度联络	架空网：带智能软开关的多分段适度联络
D 类	架空网：多分段适度联络	架空网：带智能软开关的多分段适度联络

　　能源输出型网格配电网网架规划设计应以标准网架为导向，对饱和负荷具备预测条件的区域以饱和负荷为依据，不具备饱和负荷预测条件的区域以 5～10 年负荷预测结果为依据，结合现状电网、电力需求、供电网格情况，以上级电网规划为边界条件，构建配电网标准网架并预留网格扩展的基础。能源输出型网格配电网网架应能满足区域电源的消纳和送出，同时应满足相关的倒送要求。

　　无潜在开发区域的，应按标准接线模式，一次性建成，避免重复投资。对于现状配电网网架结构薄弱、上级电源不完善的区域，可按标准目标网架结构，适度简化线路接线方式，逐步向目标网架过渡。

　　有明确规划的区域的，应综合考虑变电站资源、电源开发时序及中压线路利用率等因素，按照投资最小、后期建设浪费最少的原则，逐步向能源输出型目标网架过渡。

110kV 电网目标网架宜采用双链、单链及单环网结构；35kV 电网目标网架宜采用单链、单环网结构；10kV 电网目标网架宜采用多分段单联络、多分段适度联络结构，分支线路不宜超过 2 级；220/380V 电网目标网架宜采用树干 I 型、树干 III 型结构。

对于分布式电源与负荷分布不均的供电单元，可在适合的节点安装智能软开关等电力电子柔性装置，实现不同供电单元间的能源互济和潮流均衡。

在偏远山区、电网末端等区域，可同步配置储能及分布式光伏，形成局部末端微网，实现灾害天气下的微网运行，保障基本用电需求。

6.3.2 设备选型

配电网设备的选择应遵循设备全寿命周期管理理念，适应高弹性配电网发展，坚持安全可靠、经济实用及差异布置的原则。

110kV 变电站宜采用半户外布置形式。主接线宜采用桥接线或单母接线，主变规模 2~3 台，单台容量宜选取 50MVA、31.5MVA，对负荷没有潜在增长区域或偏僻区域的布点型变电站可论证选择小容量主变；10kV 主接线推荐采用单母分段，单台主变 10kV 馈线总回路数一般为 12 回，对负荷没有潜在增长区域的布点型变电站可适当减少出线回数；110kV 变电站进线宜采用架空为主方式，在通道特别紧张或政府规划有要求的特殊区域，可根据实际情况采用电缆，但应经充分论证，架空线路宜采用钢芯铝绞线，导线截面选用 300mm²、240mm²。

35kV 变电站宜采用半户外布置形式。主接线宜采用单母接线，主变规模 2~3 台，单台容量宜选取 20MVA、10MVA，现状小容量主变逐步更新改造；10kV 主接线推荐采用单母分段，单台主变 10kV 馈线总回路数一般为 6 回，最多不超过 10 回，对负荷没有潜在增长区域的布点型变电站可适当减少出线回路数；35kV 变电站进线宜采用架空为主方式，架空线路宜采用钢芯铝绞线，导线截面选用 240mm²、185mm²。

10kV 架空线路分段、联络的柱上开关宜采用智能开关，分段数一般为 3~5 段，每段装机容量 2400~1920kVA。分支线的配变数量大于 3 台或分支线电杆数量大于 10 杆，在分支线 1 号杆安装智能开关。配电变压器的进线装设熔丝具。

10kV 主干线、分支线宜采用架空方式，供电半径原则上不宜超过 15km。镇区、建筑和人口密集区域及通道条件较差的区域应采用架空绝缘导线，并在适当的部位装设验电接地装置，山区大跨越路段及空旷区域采用钢芯裸导线。覆冰、雪灾等较重区域可适当提高建设标准，通过升高杆塔、选用重型杆、铁塔及选用防覆冰导线等方式提升抗灾能力。中压架空线路主干线截面以 240mm² 为主，分支线截面宜采用 150mm²、70mm²，负荷没有潜在增长区域或偏僻区域可适当选取小截面导线。变电站出线主干线铜芯电缆截面一般宜为 300mm²。负荷没有潜在增长区域可根据负荷情况选取小截面导线。

中压配电变压器宜根据用电需求及发展，按照"小容量、密布点"的原则，靠近负荷中心供电。杆上三相变压器单台容量不宜超过 400kVA。对于搬迁村、留守村等负荷没有潜在增长的区域视情况选用小容量变压器或利旧。当低压用电负荷时段性或季节性差异较大，平均负荷率比较低时，可选用非晶合金配电变压器或有载调容变压器，并可利用移动储能等手段满足季节性负荷高峰需求。

220/380V 主干线截面应按远期规划一次选定，供电半径不宜超过 500m。低压架空导线干线截面：绝缘导线的主干线截面宜选用 120mm²，低压电缆的主干线截面宜选用 240mm²；低压架空导线支线截面：绝缘导线的分支线截面宜选用 70mm²，低压电缆的分支线截面宜选用 95mm²、150mm²；低压架空导线接户线截面：采用架空绝缘导线进线，单相接户线导线截面宜采用 25mm²；三相小容量接户线导线截面宜采用 16mm²；三相大容量接户线导线截面宜采用 50mm²；采用低压铜芯电缆进线，单相接户电缆导线截面宜采用 16mm²；三相小容量接户电缆导线截面宜采用 16mm²；三相大容量接户电缆导线截面宜采用 35mm²；集中表箱接户电缆导线截面宜采用 50mm²。负荷没有潜在增长区域可根据负荷情况选取小截面导线。

6.3.3 继电保护及配电自动化

配电自动化系统终端以在线监测装置和智能开关为主。主线路的变电站第 1 个开关的负荷侧（后端）及支线第一根杆塔上应安装在线监测，并在主干线安装若干在线监测装置以便于快速判定故障。分支线的配变数量大于 3 台或分支线电杆数量大于 10 杆的分支线，在分支线 1 号杆安装智能开关。

6.3.4 电力设施布局规划

电力设施规划设计应根据农村、村庄总体规划要求，合理预留变电站、柱上变及箱变等电力设施布局，做好高中压电力廊道预留。各类电力设施应与农村整体环境及颜色相协调，体现共同富裕的乡村和谐之美。

6.3.5 能源输出型网格典型案例分析（杜泽网格）

6.3.5.1 区域概况

区域概况：杜泽网格主要供电范围为杜泽镇。杜泽镇位于衢州市东北部，北邻杭州，南距市区 19.5km，总面积 105km²，是北部地区的教育、文化及公共服务中心，素有衢北重镇、名镇及古镇之称。

城镇建设区总体规划布局结构：以水为脉，一城两片，三点四区，两轴五带。

以水为脉：铜山溪自北而南穿越杜泽镇，河道与城镇建设紧密结合，规划充分利用这一资源优势，通过适当的规划设计手法的运用，使得自然山水渗透至未来的镇区，并与之有机融合，取得优美宜人的景观效果。

一城两片：杜泽镇城镇建设区主要由两大片建设用地构成。一片为生活综合功能区，一片为独立工矿区。

三点四区：三点主要是城镇区域公建轴的三个景观节点，以此架构公建景观轴。在西部入口区结合广场、市场和周边山体形成入口形象区；在中部结合河流绿带与公建形成中部景观节点；东部为区域公建轴和城镇生活公建轴的交汇之地，结合铜山溪、巽峰塔休闲旅游区和城镇公建形成核心景观节点。四区指由铜山溪、新头路水渠等水系形成的生活功能区内的四块居住片区。

两轴五带：两轴为沿原 23 省道形成的区域公共服务主轴线和沿铜山溪形成的镇区生活服务设施主轴线。五带为铜山溪、东干渠、西干渠、新头路水渠及西部小支流等水系和两岸绿地构成的滨水绿色景观带，通过绿地向城镇建设用地内渗透，改善城镇生态，创造良好的城镇生态形象。

6.3.5.2 配电网现状评估

1. 网格现状

杜泽网格主要区域为杜泽镇区域以及镇周边区域,占地面积 240.45km²,供电面积 20.21km²,现状最大负荷 14.8MW,主供电源 110kV 杜泽变,供电分界较为清晰。现状 10kV 线路 8 回,其中公用线路 7 回,专线 1 回,接线模式以多分段单联络及多分段适度联络为主,供电范围较为独立。杜泽网格现状网架结构拓扑图如图 6-1 所示。

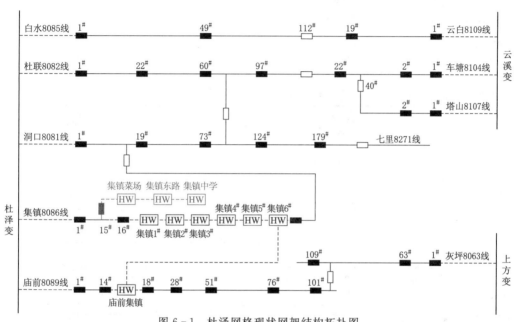

图 6-1 杜泽网格现状网架结构拓扑图

2. 上一级电源点建设情况

杜泽网格上级 220kV 电源为太真变(150MVA + 180MVA)和航埠变(2×150MVA),110kV 电源为杜泽变(2×50MVA)和上方变(40MVA+50MVA),35kV 电源为云溪变(10MVA+8MVA+20MVA)。

3. 高压电网现状问题

本次规划区内 110kV 杜泽变来自两个不同的上级电源,接线方式为双侧电源链式接线,可靠性较高,35kV 云溪变由 220kV 太真变及 110kV 杜泽变两回线路接入。

110kV 杜泽变 10kV 出线间隔剩余 9 个,出线间隔资源相对充足,能够满足现有配电网发展及今后一段时间及区域内能源送出要求。杜泽网格现状高压网架示意图如图 6-2 所示。

4. 中压电网现状问题

部分线路转供能力差。7 回公用线路进行"N-1"校验分析,其中杜联 8082

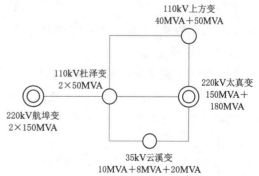

图 6-2 杜泽网格现状高压网架示意图

线因线路负荷重，故障时负荷不能全部转出，不通过"$N-1$"校验，转供能力差。

导线截面存在瓶颈。目前杜泽还存在主干线 185mm² 以下线路共计 3 回（庙前 8089 线、洞口 8081 线、云白 8109 线），建议在近期的改造过程中进行更换改造。

6.3.5.3 电力需求预测

根据负荷预测，到 2025 年杜泽网格夏季峰荷最大负荷为 25.4MW（含常规负荷及电动汽车负荷，下同），总体平均负荷密度为 1.3MW/km²，春季谷荷为 12.4MW，规划区光伏装机达 65MWp。"十四五"期间，网格内的清洁能源资源丰富，清洁能源装机较大，不能完全就地消纳，能源以倒送为主，形成能源输出型网格。杜泽网格电力需求预测表见表 6 - 6。

表 6 - 6   杜泽网格电力需求预测表

年 份		2020 年现状	2021 年	2022 年	2023 年	2024 年	2025 年	远景
常规用户	电量/万 kWh	7444	8147	8916	9757	10679	11687	12460
	春季谷荷/MW	7.1	8.1	9.2	10.1	11.3	12	16
	夏季峰荷/MW	14.8	16.8	19	20.8	23.2	25	35
电动汽车	充电量/万 kWh	4	6.5	10	13	16	20	40
	充电负荷/MW	0.1	0.1	0.2	0.3	0.3	0.4	1.2
可调节负荷/MW		0	0	0	0	0	0	0
储能/MW		0	0.4	0.8	1.2	2.1	3.6	5
清洁能源	光伏/MWp	22.1	30.8	38.5	48.6	57.8	65	80
	风电/MW	0	0	0	0	0	0	0
	小水电/MW	13.7	13.7	13.7	13.7	13.7	13.7	13.7
网供负荷/MW		−14.7	−19.6	−23.9	−29.9	−34.8	−39.7	−45.6

6.3.5.4 配电网规划方案

1. 上级电网规划方案

根据《××区"十四五"电网发展规划》报告，2022 规划区内新建 1 座 35kV 洞口变，新增变电容量 12.6MVA，增加 10 个 10kV 出线间隔。

2. 网格目标网架

根据电力平衡结果，至 2025 年，杜泽网格的春季谷荷将达到 12.4MW，清洁能源装机 78.7MWp，储能削峰能力 3.6，电力平衡后得出倒送负荷 39.7MW。杜泽网格供电线路规划将来自规划区域的 110kV 杜泽变、35kV 洞口变，以及位于周边的 35kV 云溪变、110kV 上方变。

其中 35kV 洞口变新出 10kV 线路 6 回，110kV 杜泽变新出 10kV 线路 1 回。到 2025 年，杜泽网格中压配电网共有 10kV 公用线路 14 回，平均每回线路最大倒送负荷

2.8MW,目标网架结构清晰,供电区域明确,供电能力提升显著。杜泽网架拓扑结构图如图 6-3 所示。

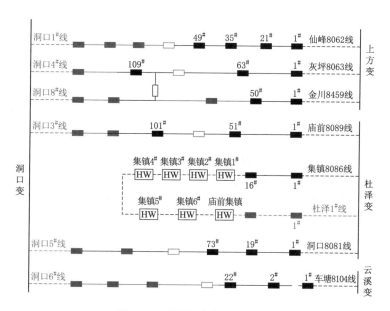

图 6-3 杜泽网架拓扑结构图

6.3.5.5 建设成效

电网规模:2025 年杜泽网格的实际最大倒送负荷将达到 39.7MW。"十四五"期间区内新建 35kV 变电站 1 座,容量为 12.6MVA,共有变电站 2 座,主变 4 台,变电容量为 112.6MVA。规划新建 10kV 线路 7 回,新建线路总长度 31.7km,2025 年杜泽网格中压线路共有 10kV 线路 14 回。变电站季线路估算总投资 8131 万元。

装备水平:杜泽网格中压主干线以 JKLYJ-240 导线为主,中压线路绝缘化率为 100%,电缆化率为 20.2%。线路平均供电半径为 4.85km,线路平均挂接配变容量为 7.95MW/条。

组网方式:杜泽网格中压配电网以架空多分段单联络为主,形成标准接线 7 组,联络率为 100%,站间联络率为 85.7%。

运行水平:杜泽网格中压线路平均负载率为 33.9%,配变平均负载率为 34.2%,中压线路"N-1"通过率为 100%。

运营指标:杜泽网格供电可靠率为 99.9605%,综合电压合格率为 99.95%。

6.4 能源输入型网格配电网全电压网架规划

6.4.1 网架规划

能源输入型网格配电网主要适用于城市市区、县城、城镇及工业园区等能源消费密集型区域,供电区域类型以 A+类、A 类、B 类、C 类为主。供电区域电网结构见表 6-7。

表 6-7   供 电 区 域 电 网 结 构

供电区域类型	目标年电网结构	远景年电网结构
A+类	电缆网：双环式	电缆网：带智能软开关的双环式，"花瓣式"接线
	架空网：多分段适度联络	架空网：带智能软开关的多分段适度联络
A类	电缆网：双环式、单环式	电缆网：带智能软开关的双环式、单环式
	架空网：多分段适度联络	架空网：带智能软开关的多分段适度联络
B类	电缆网：双环式、单环式	电缆网：带智能软开关的双环式、单环式
	架空网：多分段适度联络	架空网：带智能软开关的多分段适度联络
C类	电缆网：单环式	电缆网：带智能软开关的单环式
	架空网：多分段适度联络	架空网：带智能软开关的多分段适度联络

能源输入型网格配电网网架规划设计应以目标网架为导向，以饱和负荷预测为依据，结合现状电网、电力需求及供电网格情况，以上级电网规划为边界条件，构建饱和年目标网架。正常运行时，各变电站应有相互独立的供电区域，供区不交叉、不重叠。故障或检修时，中压网架结构应具备网格重构、故障自愈及全停全转的能力。

在规划成熟区，应按目标网架、标准接线模式一次性建成，避免重复投资。对于现状配电网网架结构复杂、上级电源及市政管沟不完善的区域，可按远期目标网架结构，适度简化线路接线方式，取消冗余联络及分段，逐步向目标网架过渡。

在规划建设区，应综合考虑变电站资源、用户用电时序、市政配套电缆通道建设情况及中压线路利用率等因素，按照投资最小、后期建设浪费最少的原则，逐步向目标网架过渡。

110kV电网目标网架宜采用双链结构，上级电源不足时，可采用双辐射或双T接线进行过渡。

10kV电网目标网架宜采用双环网结构，在条件受限的区域经充分论证可采用单环网结构。目标网架构建宜因时因地开展，在上级电源不足时，可采用单环或自环结构进行过渡。10kV双环网目标网架宜采用户内环网室环进环出方式构建，条件受限的区域可采用环网箱进行过渡，环网室两段母线间设置母分，组环环网室数量一般在3～6座之间。10kV电缆分支在城市规划新区一般只考虑1级，老城区不宜超过2级。

220/380V高层住宅宜采用放射Ⅰ型、小高层住宅宜采用放射Ⅱ型、普通住宅或别墅区宜采用放射Ⅳ型结构。对于重要的高可靠性用户，在双电源供电的基础上，低压侧可进行低压互联，在高配停电时，通过附近其他用户高配低压侧进行供电，保障其基本的照明应急等需求。

6.4.2 设备选型

能源输入型网格110kV变电站宜采用GIS设备全户内布置形式，主接线宜采用内桥+线变组，主变规模3台，单台容量宜选取50MVA。城市110kV变电站进线宜采用架空为主方式，在通道特别紧张或政府规划有要求的区域，可根据实际情况采用电缆。架空线路宜采用钢芯铝绞线，导线截面选用 300mm^2，电缆线路宜选用交联聚乙烯绝缘铜芯电缆，载流量应与该区域架空线路相匹配。

10kV 主干线、分支线宜采用电缆方式，供电半径原则上不宜超过 3km。电缆截面应根据地块饱和负荷测算结果、上级变电站布点及中压通道情况选取：

（1）主干线一般采用 300mm^2，在负荷密度集中、电力廊道紧张等区域亦可采用 400mm^2。

（2）10kV 分支线电缆截面宜采用 150mm^2，单台变压器进线电缆宜采用 70mm^2。

10kV 开关站应建于负荷中心，作为变电所母线的延伸，宜配置双电源，分别取自不同变电站或同一变电站的不同母线。开关站一般采用两路电源进线，6～12 路出线，单母分段接线，出线带断路器带保护。10kV 开关站再分配容量不宜超过 20MVA。

10kV 环网室宜结合市政设施、居民小区及办公楼宇等建筑物同步建设，一般采用两段母线，设置母分开关，馈线单元宜按 12～16 回考虑，并预留不停电作业、应急电源接入位置。环网室进线单元及母分宜采用负荷开关，馈线单元宜采用断路器。进出开关宜选用分体式设备，并预留通信走线槽和管孔，能满足电网远景发展需要。

环网箱宜采用单段母线，按 2 进 4 出或 6 出考虑，进线单元宜采用负荷开关，馈线单元宜采用断路器，并预留不停电作业及应急电源接入位置。

城市新建居民小区、办公楼宇宜采用配电室方式供电。配电室应独立设置，并与周边总体环境相协调。设于建筑物本体内时，宜设在地上层面，并应留有电气设备运输和检修通道，尽量避免设置在地下。配电室一般以两台配变为一组供电单元，相邻配变低压母线宜设联络开关。配变宜采用干式变压器，单台容量宜控制在 800kVA 及以下。

老旧社区及其他公共设施一般采用箱变方式供电，相邻两台箱变低压侧可设置联络开关，以提升供电可靠性。箱变进线侧宜采用负荷开关，单台容量宜选用 630kVA。

配变应采用额定损耗优于 S13（SCB10）的系列变压器，额定电压及分接头开关 $10\pm2\times2.5\%/0.4\text{kV}$ 或 $10.5\pm2\times2.5\%/0.4\text{kV}$，并配置带通信接口的智能配电终端。无功补偿宜采用低压智能电容器集中补偿，容量应按变压器容量的 10%～20% 进行选取，补偿后用电高峰时段应能保持功率因数不低于 0.95。

配变低压配电柜可选用固定式或抽屉式柜，进、出线开关额定电流应按高于变压器低压额定电流、低压出线回路计算电流一级选定。

220/380V 主干线截面应按远期规划一次选定，供电半径不宜超过 250m。低压线路应采用铜芯电缆，主干电缆截面宜采用 240mm^2，分支线电缆截面宜采用 150、95mm^2。单相接户电缆宜采用 25mm^2，三相小容量接户电缆宜采用 16mm^2，三相大容量接户电缆宜根据需要灵活选配，集中表箱接户电缆宜采用 50mm^2。

6.4.3 继电保护及配电自动化

开关站、环网室及环网箱馈线单元断路器应设置相应保护装置，保护整定应与变电站出线开关相互配合。低压配电柜进、出线开关应配置智能型脱扣器，具备延时、瞬时等保护功能。10kV 主线上的分段开关和联络开关，以及有联络关系的支线上的分段开关，原则上不设置保护。

配电自动化系统应与配电网一次网架相协调，应适应分布式电源以及电动汽车、储能装置等新型负荷接入后的运行及业务需求。城市环网室（环网箱）应符合实施配电自动化的要求，每段母线均配置 PT 柜和 DTU 柜，所有进出线间隔能实现"三遥"，馈线间隔实现"二遥"。环网室（环网箱）宜采用光纤通信方式，具备故障自动定位、隔离及自愈能力。

6.4.4　电力设施布局规划

电力设施布局应根据城市规划及地块开发进度，合理预留变电站、开关站、环网室、环网箱及箱变等电力设施位置，做好高中压电力廊道预留，并纳入城市总体发展规划。

城市主干道一般宜预留 10kV 电缆排管 16～20 孔，支线道路宜预留 9～12 孔，排管布置不宜超过 4 层，内径不宜小于 175mm，应同步预留通信管。电缆排管使用应与配网目标网架规划发展相适应，并合理布局和使用，一般遵循先下后上的原则。电力电缆与其他电缆应分沟敷设或采取明显的隔离措施，有条件的区域应实现高压与低压分开，公用与专用分开。

6.4.5　能源输入型网格典型案例分析（城中网格）

6.4.5.1　区域概况

本次规划区域为某市城区的城中网格，包括老城区和城东新城部分，主要为居住、行政、商业及教育医疗用地，范围为西至 320 国道、东至 316 省道、北至衢江、南至 S315 省道转 720 县道。规划面积 31.4km²。

根据地方区域规划，重点推进城东绿色生态城区建设，构建三江口城市核心圈层，打开滨水空间，激活"三湖四岛""绿心绿肺"，加强地下空间开发利用，加快功能性、示范性及引领性项目建设，集聚人气商气，打造现代宜居都市新区。围绕历史文化名城创建，推进大南门和河西街历史文化街区开发，加快建设灵山江文化核心区，塑造城市风貌，彰显千年古韵。有序实施老城区有机更新和微改造，推进生态修复、功能完善和低效用地再开发，增强防洪排涝能力，提升建设管理水平。推动新型智慧城市建设，建好城市大脑，加快健康、教育、交通及文化等公共服务数字化转型。

6.4.5.2　配电网现状评估

1. 网格现状

网格区域：西至 320 国道、东至衢江、北至衢江、南至 S315 省道，为城市发展较为成熟的区域。

网格总面积：15.5km²。

网格电源：220kV 石窟变、南竹变；110kV 西柳变、姑蔑变、东华变；35kV 城西变、占家变、城北变。

城中网格现状拓扑图如图 6-4 所示。

2. 上一级电源点建设情况

城中网格上级电源为 220kV 石窟变（2×150MVA）和南竹变（2×180MVA），110kV 电源为西柳变（50MVA＋50MVA）、东华变（50MVA＋40MVA），2020 年投运 110kV 姑蔑变（50MVA＋50MVA）；35kV 电源为城西变（2×10MVA）。同时周边 110kV 新区变（40MVA＋50MVA），35kV 占家变（8MVA＋10MVA）、城北变（2×

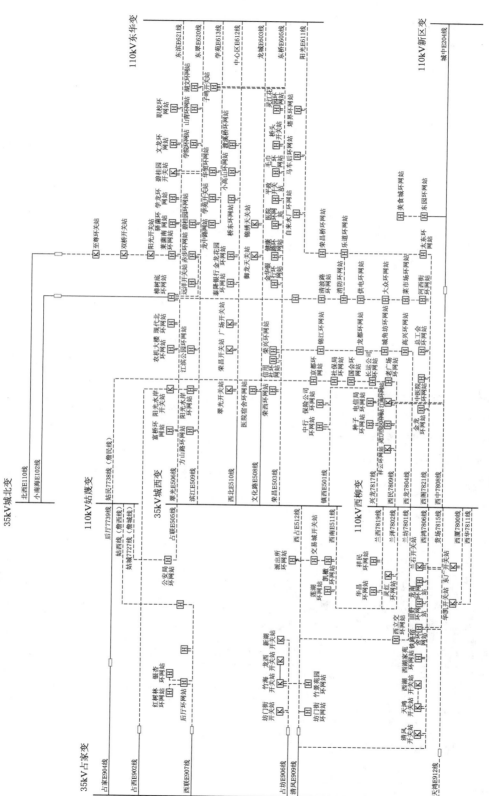

图 6 - 4　城中网格现状拓扑图

16MVA）也有部分线路为其供电。110kV 接线方式以链式和双辐射为主，35kV 接线方式以单环网和双辐射为主。

3. 高压电网现状问题

负载率：35kV 城西变负载率较高，接近70%；其余3座110kV变电站目前负载都在40%左右，供电能力充裕。高压网架结构如图6-5所示。

10kV 间隔利用率：老城区35kV城西变目前剩余5个间隔，间隔充裕，110kV 西柳变目前剩余6个间隔，间隔充裕；城东新城110kV东华变目前剩余6个间隔，间隔充裕，110kV 新区变间隔比较紧张。

网架结构：网格内110kV 西柳变电网网架为双辐射结构，110kV东华变、新区变电网网架为单链结构，满足相关要求；35kV城西变与另外2座35kV城北变、占家变存在着"一线带三变"的情况，由于3座变电站负载率较高，电网网架存在着超载风险，不满足电网安全要求。

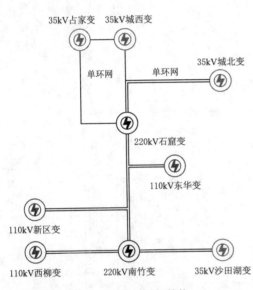

图6-5 高压网架结构

4. 中压电网现状问题

中压配电网网架结构以单环网及两联络为主，联络率97.73%，"N-1"通过率90.91%，存在4回线路不通过"N-1"校验。线路联络率虽然较高，但完全符合标准接线的线路较少，其中蜡烛台E601线为单辐射。网格内线路交叉供电、迂回供电较多，后期需对其网架进行优化，解开交叉供电网格形成标准接线组，合理分配线路的供电范围。

6.4.5.3 电力需求预测

根据预测，城中网格（QZQ1_CQ_01B）至2023年网格负荷达到91.4MW（含电动汽车负荷，下同），至2025年网格负荷达到111.2MW；负荷密度：6.7MW/km²，电源装机8.0MWp。"十四五"及远景年网格负荷远大于区域内新能源等电源装机，属于典型的能源输入型网格。城中网格电力平衡表见表6-8。

表6-8   城中网格电力平衡表

年度		2020年现状	2021年	2022年	2023年	2024年	2025年	远景
常规用户	电量/万kWh	45306	47027	49308	52234	57562	61154	91907
	夏季峰荷/MW	74.1	78.6	85.2	89.6	96.2	104.0	156.3
电动汽车	充电量/万kWh	40	50	70	90	170	360	1100
	充电负荷/MW	0.8	1	1.4	1.8	3.4	7.2	33

续表

年　　度		2020 年现状	2021 年	2022 年	2023 年	2024 年	2025 年	远景
可调节负荷/MW		0.9	0.9	0.9	3.1	5.0	10.0	20.0
储能/MW		0	0	0	1	1	5	10
清洁能源	光伏/MWp	1.2	1.2	2.0	3.0	5.0	8.0	15.0
	风电/MW	0	0	0	0	0	0	0
	小水电/MW	0	0	0	0	0	0	0
网供负荷/MW		74.2	78.9	85.8	89.0	96.0	103.3	173.8

6.4.5.4　配电网规划方案

1. 上级电源规划方案

根据《××县"十四五"电网发展规划》报告，城中网格 2020 年新建 1 座 110kV 变电站姑蔑变（已投运），新增变电容量 2×50MVA，新增 24 个 10kV 间隔；城中网格 2021 年退运 1 座 35kV 变电站（城西变）。同时开展 110kV 新区变间隔扩建工程，以及 110kV 东华变迁址重建工程，解决 10kV 间隔不足问题。

2. 目标网架建设方案

加快 110kV 姑蔑变 10kV 配套工程建设，优化老城区网架结构。退运 35kV 城西变，由 110kV 姑蔑变转供 35kV 城西变负荷，提高配电网中压线路标准化率。

至 2025 年，城中网格的负荷将达到 111.2MW，规划为城中网格供电线路将来自规划区域的 110kV 姑蔑变、110kV 西柳变，以及位于周边的 110kV 东华变。其中 110kV 姑蔑变新出 10kV 线路 20 回，110kV 西柳变出线 14 回，110kV 东华变出线 6 回。到 2025 年，城中网格目标网架形成 15 组单环网，3 组双环网，平均每回线路负荷 2.7MW，目标网架结构清晰，供电区域明确，供电能力提升显著。目标网架拓扑图如图 6-6 所示。

6.4.5.5　建设成效

电网规模：至 2025 年，城中网格最大负荷为 111.2MW，平均负荷密度为 7.2MW/km²，新建 110kV 变电站 1 座，容量 100MVA，至 25 年区内 110kV 变电站 4 座，主变 8 台，变电容量为 400MVA。新建线路 20 回，共有 42 回线路，变电站及线路总投资 1.1 亿元。

装备水平：中压主干线以 YJV22-3×300 导线为主，中压线路绝缘化率为 100%，电缆化率为 88.7%，中压线路平均供电半径为 2.83km，线路平均挂接配变容量为 8.14MW/条。

组网方式：城中网格中压配电网以电缆双环网及单环为主，形成 3 组双环网和 15 组单环网，联络率为 100%，站间联络率为 100%。

运行水平：中压线路平均负载率为 42.57%，配变平均负载率为 38.18%，中压线路"N-1"通过率为 100%。

运营指标：城中网格供电可靠率为 99.9932%，综合电压合格率为 99.99%。

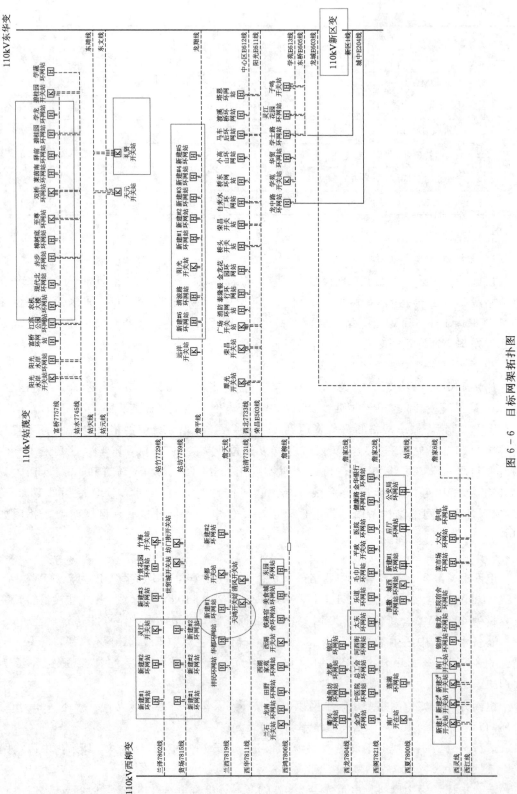

图 6 – 6 目标网架拓扑图

6.5 能源自平衡型网格配电网全电压网架规划

6.5.1 网架规划

能源自平衡型网格配电网适用于乡镇、城市郊区、海岛等区域。主要供电区域类型为B类、C类。供电区域电网结构见表6-9。

表6-9　　　　　　　　　　供电区域电网结构

供电区域类型	目标年电网结构	远景年电网结构
B类	电缆网：双环式、单环式	电缆网：带智能软开关的双环式、单环式
	架空网：多分段适度联络	架空网：带智能软开关的多分段适度联络
C类	电缆网：单环式	电缆网：带智能软开关的单环式
	架空网：多分段适度联络	架空网：带智能软开关的多分段适度联络

能源自平衡型网格在规划成熟区应按目标网架及标准接线模式一次性建成，避免重复投资。对于现状配电网网架结构复杂、上级电源及市政管沟不完善的区域，可按远期目标网架结构，适度简化线路接线方式，取消冗余联络及分段，逐步向目标网架过渡。在规划建设区应综合考虑变电站资源、用户用电时序、市政配套电缆通道建设情况及中压线路利用率等因素，按照投资最小、后期建设浪费最少的原则，逐步向目标网架过渡。

能源自平衡型网格配电网110kV电网目标网架宜采用双链和双辐射结构。

10kV电网目标网架宜采用单环网和多分段适度联络结构，对于负荷集中区域，可适度考虑双环网建设；10kV配电网目标网架宜采用环网室环进环出方式构建，条件受限的区域可采用环网箱进行过渡，环网室设置母分，组环环网室数量一般控制在3～6座，分支线路宜采用环网箱连接。中心镇一般采用环网箱进行组网，环网箱一般要求成对布置。10kV电缆分支线路不宜超过2级，架空线分支不宜超过2级。

能源自平衡型网格配电网220/380V低压电网高层住宅宜采用放射Ⅰ型，小高层住宅宜采用放射Ⅱ型，普通住宅或别墅区宜采用Ⅳ型结构。

6.5.2 设备选型

能源自平衡型网格配电网110kV变电站的布置应因地制宜、紧凑合理，尽可能节约用地。能源自平衡型网格宜采用半户内或户内站，主变规模3台，单台容量宜选取50MVA，对于特殊区域，单台主变容量可考虑使用31.5MVA。

110kV变电站进线宜采用架空为主方式，在通道特别紧张或政府规划有要求的区域，亦可根据实际采用电缆。架空线路宜采用钢芯铝绞线，导线截面选用300mm^2，电缆线路宜选用交联聚乙烯绝缘铜芯电缆，载流量应与该区域架空线路相匹配。

10kV主干线、分支线供电半径原则上不宜超过5km。主干线截面宜综合饱和负荷状况及线路全寿命周期一次选定。导线截面应根据地块饱和负荷测算结果、上级变电站布点及中压通道情况进行选取，县城和集镇中心区域可使用电缆，其他区域一般使用架空线或架空电缆混合型。一般架空线主线导线截面240mm^2，电缆截面不小于300mm^2，在负荷密度集中及电力廊道紧张等区域亦可采用电缆截面400mm^2。

10kV 环网室宜结合市政设施、居民小区及办公楼宇等建筑物同步建设，一般采用两段母线，设母分开关，出线间隔按照 12~18 个考虑。环进环出及分段宜采用负荷开关，其余出线宜采用断路器。环网箱宜采用单段母线，按照 2 进 4 出或 6 出考虑。

10kV 架空线路分段、联络的柱上开关宜采用智能开关，分段数一般为 3~5 段，每段装机容量 3200~1600kVA。分支线的配变数量大于 3 台或分支线电杆数量大于 10 杆的分支线，在分支线 1#杆安装智能开关。

公变应采用额定损耗优于 S13（SCB10）的系列变压器，额定电压及分接头开关 10±2×2.5%/0.4kV 或 10.5±2×2.5%/0.4kV，并配置带通信接口的智能配电终端。城镇配电网可采用配电室、箱式变压器及柱上变型式。配电室变压器容量可选用 800kVA 和 630kVA 组合，箱变宜选用 630kVA 及以下，杆上变选用 400kVA 及以下。公变应采用低压智能电容器集中补偿，容量应按变压器容量的 10%~20% 选取，补偿后用电高峰时段应能保持 $\cos\phi \geq 0.95$。

低压配电柜可选用 JP 柜，进、出线开关额定电流应按高于变压器低压额定电流、低压出线回路计算电流一级选定。

220/380V 主干线截面应按远期规划一次选定，导线截面选择应系列化，同一规划区内主干线导线截面不宜超过 3 种，供电半径不宜超过 400m。低压导线应采用集束导线和架空线路，主干线路截面宜采用 120mm²，分支线绝缘线截面宜采用 70mm²。单相接户集束导线宜采用 25mm²，三相小容量接户导线宜采用 35mm²，三相大容量接户导线宜采用 95mm²。

6.5.3　继电保护及配电自动化

能源自平衡型网格环网室、环网箱馈线单元应设置相应保护装置，保护整定应与变电站出线开关相互配合。低压配电柜进、出线开关应配置智能型脱扣器，具备延时、瞬时等保护功能。

配电自动化可采用集中式或就地型重合器式。应根据可靠性需求、网架结构和设备状况，合理选用配电设备信息采集形式。县城区域的环网室和环网箱，应配置"三遥"设备。中心集镇可在关键节点如变电所出线第一级，主干线联络开关配置"三遥"设备。其他区域以"二遥"为主。

6.5.4　电力设施布局规划

能源自平衡型网格电力设施布局应根据城镇规划及地块开发进度，合理预留变电站、开关站、环网室、环网箱及杆上变等电力设施位置，并做好高中压电力廊道预留。

对于电缆廊道城镇主干道一般宜预留 10kV 电缆排管 12~16 孔，支线道路宜预留 6 孔，排管内径不宜小于 175mm，同步预留通信管。对于架空线路廊道城镇主干道一般宜建设同杆双回杆塔，支线道路宜建设同杆 1~2 回杆塔，杆塔同步预留通信线路挂接点。

6.5.5　能源自平衡型网格典型案例分析（湖镇网格）

6.5.5.1　区域概况

区域概况：湖镇网格主要供电区域为湖镇镇。湖镇位于浙西金衢盆地腹地，西距县城 11km，东与金华接壤。浙赣铁路、46 省道（兰贺公路）穿境而过，衢江、杭金衢高速公路横贯于北。历史上湖镇一直是农副产品集散基地和政治、文化中心。

城市规划建设与改造情况：依据该镇城镇总体规划，镇域体系发展战略为以下四个方面：

1. 极核发展战略

作为县东部中心镇，湖镇将强化中心镇镇区建设，使该镇区成为县域东部次中心的增长极核。

2. 集聚发展战略

加强对该镇在 46 省道沿线各行政村进行适度空间整合，引导其向镇区集中，形成新的城乡面貌，以提高城镇人口、产业的规模效益和整体竞争力。

3. 城乡统筹发展战略

增强中心村的功能和综合服务能力，集聚乡村居民点，推进中心村建设，有选择地在中心村建立农村社会化服务体系，并提高中心村至该镇镇区的公路等级，确立高效的村镇流通体系，在整个镇区域范围内，对基础设施、社会实施统筹规划和建设，实现设施、资金共享，发挥资金和资源的最大效益。

4. 可持续发展战略

立足于区域的可持续发展，在城镇建设中集约利用水、土地及能源等资源，优化产业结构，保持生态环境，加强对污染的控制与治理。

根据现状村镇规模与分布情况及交通线走向，确定村镇体系空间布局结构为："一主四副、一带两轴、中心带动、π 型发展轴"。

"一主四副"：一主即主中心镇区，四副为四个规划中心村。

"一带两轴"：一带即 46 省道发展带，两轴即 L 家塘-城区-十里坪-三叠岩两条纵向发展轴。

"中心带动"：即通过主中心带动镇域各级居民点的发展。

"π 型发展轴"：即 46 省道、社阳公路及 L 家-希塘公路构成的 π 型空间发展网络。

6.5.5.2　配电网现状评估

1. 网格现状

湖镇网格主要区域为县城北部及周边区域，占地面积 34.28km²，供电面积 6.51km²，现状负荷 23.6MW，接线模式以单联络为主，主供电源 110kV 湖镇变，35kV 沙田湖变，供电分界较为清晰，现状 10kV 线路供电范围较为独立。湖镇网格共有 7 回公用 10kV 线路。湖镇网格现状拓扑图如图 6-7 所示。

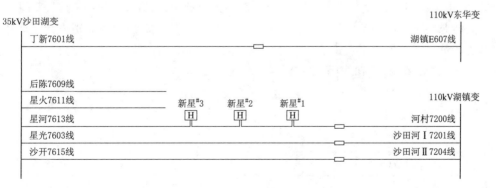

图 6-7　湖镇网格现状拓扑图

2. 上一级电源点建设情况

湖镇网格上级电源为 220kV 石窟变（2×150MVA）和南竹变（2×180MVA），110kV 电源为湖镇变（40MVA＋50MVA），35kV 电源为沙田湖变（2×20MVA）。

3. 高压电网现状问题

本次规划重点区 110kV 湖镇变来自两个不同的上级电源，接线方式为双侧电源链式接线，可靠性较高，沙田湖变由 220kV 南竹变双回线路直接接入。

110kV 湖镇变 10kV 出线间隔剩余 0 个，出线间隔资源已用完，不能满足现有配电网发展，无法满足今后区域建设开发。造成出线间隔不足的主要原因是用户专线占用了部分间隔资源，建议对上述变电站的专线进行整合。湖镇网架结构如图 6-8 所示。

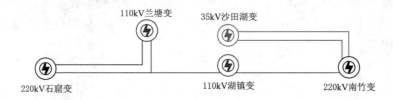

图 6-8   湖镇网架结构

4. 中压电网现状问题

部分线路负载较重。最大运行电流在 300A 以上的线路三条，分别为沙田河 I 7201 线、社阳 7212 线及星光 7603 线，这 3 条线路主要为镇区供电，供电区域用户负荷密度相对较大，线路挂接用户较多，造成线路负载较重。16 回公用线路中存在 2 回线路为放射线路，公用线路联络率为 87.5%，从而严重影响区域供电可靠性。

配网负荷转供能力差。16 回公用线路中有 2 回仍为放射接线模式；存在联络的 14 回线路经过 "N-1" 校验后，有 5 回未能通过 "N-1" 校验，可见整个配网负荷转供能力不强。

导线截面存在瓶颈。目前湖镇分区还存在部分主干线 185mm² 以下线路共计 1 回（社阳 7212 线），建议在近期的改造过程中进行更换改造。

6.5.5.3 电力需求预测

根据负荷预测，到远景年规划区最大负荷为 71.30MW，总体平均负荷密度 2.1MW/km²。至 2025 年，规划区最大负荷为 44.8MW，新能源装机 61.0MW。"十四五"期间，网格内清洁能源装机与网格负荷较为接近，属于自平衡型网格。对该网格分别进行夏季峰荷和春季谷荷情况下的电力平衡，取两者网供的最大值进行网架规划。夏季峰荷时电力平衡结果见表 6-10。春季谷荷时电力平衡结果见表 6-11。

表 6-10   夏季峰荷时电力平衡结果

年　　度		2020 年现状	2021 年	2022 年	2023 年	2024 年	2025 年	远景
常规用户	电量/万 kWh	14450	15007	15116	16091	17492	20442	34560
	夏季峰荷/MW	23.6	26.1	31.1	34.6	37.2	40.8	59.3

续表

年　度		2020 年现状	2021 年	2022 年	2023 年	2024 年	2025 年	远景
电动汽车	充电量/万 kWh	10	20	40	80	140	200	600
	充电负荷/MW	0.2	0.4	0.8	1.6	2.8	4	12
可调节负荷/MW		1.4	1.4	1.4	1.6	1.6	1.8	10
储能/MW		0	0	0	0	0	0	10
清洁能源	光伏/MWp	29.5	34.4	39.6	46.0	52.0	61.0	80.0
	风电/MW	0	0	0	0	0	0	6
	小水电/MW	0	0	0	0	0	0	0
网供负荷/MW		18.1	20.0	24.5	27.6	30.4	33.5	49.7

表 6-11　　　　　　　　　　　春季谷荷时电力平衡结果

年　度		2020 年现状	2021 年	2022 年	2023 年	2024 年	2025 年	远景
常规用户	电量/万 kWh	14450	15007	15116	16091	17492	20442	34560
	春季谷荷/MW	11.8	13.1	15.6	17.3	18.6	20.4	29.7
电动汽车	充电量/万 kWh	10	20	40	80	140	200	600
	充电负荷/MW	0.2	0.4	0.8	1.6	2.8	4	12
可调节负荷/MW		1.4	1.4	1.4	1.6	1.6	1.8	10
储能/MW		0	0	0	0	0	0	10
清洁能源	光伏/MWp	29.5	34.4	39.6	46.0	52.0	61.0	80.0
	风电/MW	0	0	0	0	0	0	6
	小水电/MW	0	0	0	0	0	0	0
网供负荷/MW		-8.8	-10.6	-11.3	-13.2	-14.8	-18.0	-20.8

6.5.5.4　配电网规划方案

1. 上级电网规划方案

根据《××县"十四五"电网发展规划》报告，2020 年至远景年期间本次规划区内新建 1 座 110kV 滨江变，新增 110kV 电压等级 100MVA 变电容量，增加 24 个 10kV 出线间隔；退役 1 座 35kV 沙田湖变，减少 35kV 电压等级 40MVA 变电容量。

2. 网格目标网架

至 2025 年，湖镇网格的负荷将达到 44.8MW，网供负荷 33.5MW 规划为湖镇网格供电线路将来自规划区域的 110kV 滨江变、110kV 湖镇变，以及位于周边的 110kV 东华变、110kV 园区变。

其中 110kV 滨江变新出 10kV 线路 7 回，110kV 园区变新出 10kV 线路 2 回，110kV 东华变新出 10kV 线路 1 回。到 2025 年，湖镇网格中压配电网共有 10kV 线路 17 回，公用线路 16 回，平均每回线路负荷 2.1MW，目标网架结构清晰，供电区域明确，供电能力提升显著。

湖镇网格拓扑图如图 6-9 所示。

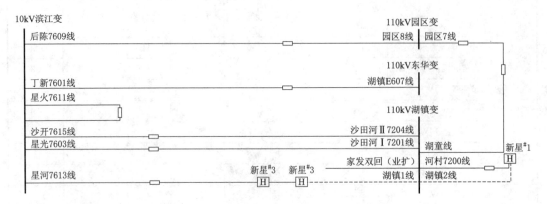

图 6-9   湖镇网格拓扑图

6.5.5.5   建设成效

电网规模：远景年湖镇分区最大负荷为 71.30MW，平均负荷密度为 2.1MW/km²，2025 年湖镇网格的负荷将达到 44.8MW。光伏等新能源装机 61MWp。区内新建 110kV 变电站 1 座，主变 2 台，变电容量为 100MVA。湖镇分区中压线路共有 10kV 线路 17 回，新建线路 10 回，变电站和线路总投资 8500 万元。

装备水平：湖镇分区中压主干线以 JKLYJ-240 导线为主，中压线路绝缘化率为 100%，电缆化率为 25.23%。公用线路平均供电半径为 2.48km，线路平均挂接配变容量为 7.23MW/条。

组网方式：湖镇分区中压配电网以架空多分段适度联络为主，形成标准接线 8 组，联络率为 96.43%，站间联络率为 82.14%。

运行水平：湖镇分区中压线路平均负载率为 31%，配变平均负载率为 28.76%，中压线路"N-1"通过率为 100%。

运营指标：湖镇分区供电可靠率达到 99.9821%，综合电压合格率达到 99.98%。

电力用户是指从供电企业接受电力供应的一方，具有具体用电行为的单位或个人，即电能产品的消费者。任何单位或个人要使用电能，都需向电网企业提出申请，并依法办理相关手续且签订供用电合同。电力用户是配电网服务的主要对象之一，电力用户接入配电网的业扩工程需纳入配电网规划统筹考虑，接入方案应符合配电网典型目标网架要求，并根据用户用电性质、用电容量、用电需求及用户发展规划，结合供电条件等因素，进行技术经济比较后再确定。

电力用户接入应满足配电网和用户安全用电的要求，确保用户对电网电能质量的影响符合国家标准。向电力用户供电的线路、接线方式应满足用户的供电可靠性的要求，供电能力应满足用户近期和中远期的电力需求，无功补偿装置配置应符合国家和电力行业标准，计量方式、计量点设置及计量装置配置应正确合理。根据需要合理选择接入电源点，确保用户受电端有合格的电能质量。

7.1 电力用户分类

为满足不同的管理需要，电力用户可以按照电量统计、电价计费及电能计量等不同口径分为多种类型。从规划设计的角度来看，电力公司应按照用户对电网电能质量的影响制定电能质量治理措施，按照出现的新型用电负荷，提出多元化负荷用户的接入要求。

1. 按供电可靠性要求划分

按照供电可靠性需求，电力用户可以分为重要用户和普通用户。重要用户指在国家或地区（城市）的社会、政治及经济生活中占有重要地位，对其中断供电将可能造成人身伤亡、较大环境污染、较大经济损失及社会公共秩序严重混乱的用电单位或对供电可靠性有特殊要求的用电场所。重要用户认定一般由各级供电企业或电力用户提出，经当地政府有关部门批准。

2. 按电能质量影响划分

具有冲击负荷、波动负荷和不对称负荷的用户为特殊用户，包括畸变负荷用户、冲击负荷用户、波动负荷用户、不对称负荷用户、电压敏感负荷用户和高层建筑用户等。特殊用户分类见表7-1。

表7-1   特殊用户分类

特殊用户分类	负荷类型
畸变负荷用户	各种硅整流器、变频调速装置、电弧炉、电气化铁道、空调等设备
冲击负荷用户、波动负荷用户	短路试验负荷、电气化铁道、电弧炉、电焊机、轧钢机等
不对称负荷用户	电弧炉、电气机车以及单相负荷等
电压敏感负荷用户	IT行业、微电子技术控制的生产线
高层建筑用户	高层建筑

3. 多元化负荷

多元化负荷主要是指电动汽车、储能系统和电能替代技术相对应的电力用户。其中电动汽车主要包括公交车、出租车、公务车、私家车及环卫物流车等；储能系统包含电气化学储能和电磁储能；电能替代技术主要包括热泵、电采暖、电蓄能及农业电力灌溉等。

7.2 电力重要用户分级

根据供电可靠性的要求以及中断供电的危害程度，重要用户可进一步细分为特级、一级、二级重要用户和临时性重要用户。具体分级标准与供电电源配置技术要求如下。

7.2.1 重要用户分级

（1）特级重要用户指在管理国家事务中具有特别重要作用，中断供电将可能危害国家安全的电力用户。特级重要电力用户具备三路电源供电条件，其中的两路电源应当来自两个不同的变电站，当任何两路电源发生故障时，第三路电源能保证独立正常供电。

（2）一级重要用户是指中断供电将可能产生以下后果之一的电力用户。直接引发人身伤亡的；造成严重环境污染的；发生中毒、爆炸或火灾的；造成重大政治影响的；造成重大经济损失的；造成较大范围社会公共秩序严重混乱的。一级重要电力用户具备两路电源供电条件，两路电源应当来自两个不同的变电站，当一路电源发生故障时，另一路电源能保证独立正常供电。

（3）二级重要用户是指中断供电将可能产生以下后果之一的电力用户。造成较大环境污染的；造成较大政治影响的；造成较大经济损失的；造成一定范围社会公共秩序严重混乱的。二级重要电力用户具备双回路供电条件，供电电源可以来自同一变电站的不同母线段。

（4）临时性重要电力用户是指需要临时特殊供电保障的电力用户。临时性重要电力用户按照用电负荷的重要性，在条件允许的情况下，可以通过临时敷设线路等方式满足双回路或两路以上电源供电条件。

7.2.2 各行业重要用户

根据目前不同类型重要电力用户的断电后果，将重要电力用户分为工业类和社会类。工业类分为煤矿山、危险化学品、冶金、电子及制造业和军工五类；社会类分为党政司法机关和国际组织、广播电视、通信、信息安全、公共事业、交通运输、医疗卫生和人员密集场所八类。重要电力用户所在行业分类见表 7-2。

表 7-2　　　　　　　　重要电力用户所在行业分类

大 类	具体行业分类	重要电力用户
工业类	煤矿及非煤矿山	煤矿
		非煤矿山
	危险化学品	石油化工
		盐化工
		煤化工
		精细化工
		冶金

续表

大 类	具体行业分类	重要电力用户
工业类	电子及制造业	芯片制造
		显示器制造
	军工	航天航空、国防试验基地
		危险性军工生产
社会类		党政司法机关、国际组织、各类应急指挥中心
		通信
		广播电视
	信息安全	证券数据中心
		银行
	公用事业	供水、供热
		污水处理
		供气
		天然气运输
		石油运输
	交通运输	民用运输机场
		铁路、轨道交通、公路隧道
		医疗卫生
	人员密集场所	五星级以上宾馆饭店
		高层商业办公楼
		大型超市、购物中心
		体育馆场馆、大型展览中心及其他重要场馆

注：1. 本分类未涵盖全部行业，其他行业可参考本分类。
　　2. 不同地区重要电力用户分类可参照各地区发展情况确定。

7.2.3　供电电源配置原则

重要电力用户的供电电源一般包括主供电源和备用电源。重要电力用户的供电电源应依据其对供电可靠性的需求、负荷特性及用电设备特性、用电容量、对供电安全的要求、供电距离、当地公共电网现状、发展规划及所在行业的特定要求等因素，通过技术、经济比较后确定。重要电力用户电压等级和供电电源数量应根据其用电需求、负荷特性和安全供电准则来确定。重要电力用户应根据其生产特点及负荷特性等，合理配置非电性质的保安措施。在地区公共电网无法满足重要电力用户的供电电源需求时，重要电力用户应根据自身需求，按照相关标准自行建设或配置独立电源。

7.3　电力用户接入原则

电力用户接入的规划设计主要内容是根据用户用电容量、用电性质和电网现行情况及规划要求，确定可行的系统供电方案。主要内容包括：

（1）根据用户电力负荷对供电可靠性的要求及中断供电在政治、经济上造成的损失或影响的程度进行分级。

（2）根据用户的用电容量、用电性质、用电时间，以及用电负荷的重要程度，考虑当地公共电网现状、通道等社会资源利用效率及其发展规划等因素，经技术经济比较后确定供电电源电压等级以及高压供电、低压供电及临时供电等供电方式。

（3）根据配电网规划及现有系统可开放容量，确定用户的电源点。

（4）根据用电负荷的重要程度确定多电源供电方式，提出保安电源、自备应急电源的应急措施的配置要求。

（5）根据不同用户性质，确定用电容量和变压器容量。

（6）根据不同电压等级及负荷性质确定电气主接线形式和运行方式。

（7）根据地区供电条件、负荷性质、用电容量和运行方式确定主变压器的台数和容量。同时还需要确定电能计量、电能质量治量、无功补偿、继电保护和自动装置等方面配置要求。在工程设计中，进一步明确相应的电气设备选型。

制订用户接入方案设计时，用户接入方案应符合电网建设、改造和发展规划的要求，满足用户近期和远期对电力的需求，并留有发展裕度。同时，用户接入应严格控制专线数量，以节约通道和间隔资源，提高电网利用效率。

7.4　用户接入负荷测算及需用系数优化

在实际运行中发现，用户的实际最大负荷往往与报装负荷相差较大，且不同行业之间相差较大。为了研究用户实际最大负荷与用户报装容量的关系，需要开展用户行业需用系数的研究，以此来把握和估计用户报装后实际可能达到的最大负荷，并以此来优化和提升用户专线的接入标准。用户行业需用系数的定义为

$$X = P_{max}/S_B$$

式中：X 为用户行业需用系数；P_{max} 为用户实际最大负荷；S_B 为用户报装容量。

用户行业需用系数体现了用户最大负荷与报装容量之间的关系，它是用户内部设备用电需求、变压器配置以及用户之间同时率和功率因素等诸多方面综合体现的参数指标。

选取省内台州、绍兴及衢州等地电力用户为样本，聚类分析用户采集系统导出的公用配变和专变。通过分析各类负荷五年的发展趋势，以及行业的实际运行经验，较为准确地判断各类型负荷在不同发展阶段的典型需用系数推荐值。得出主要结论如下：

（1）工业配变的平均负荷需用系数一般为 0.6～0.8 之间，与投运年限关系不大，工业配变几乎没有负荷发展过程，从一开始投运基本就能稳定输出额定容量六成以上的负荷。即只有一个发展阶段：负荷发展饱和期。

（2）商业配变的平均负荷需用系数为 0.4～0.6 之间。投运前 3 年商业配变的平均负荷需用系数为 0.4～0.5 之间，投运 4 年及以上的商业配变的平均负荷需用系数为 0.5～0.6 之间。即典型商业配变负荷发展阶段有两个发展阶段：负荷发展期（配变投运 1～3 年）和负荷发展饱和期（配变投运 4 年及以上）。

（3）行政办公配变的平均负荷需用系数为 0.4～0.5 之间。行政办公配变的负荷发

展过程，初期投运就能稳定输出额定容量三成以上的负荷，后续随着公司的陆续入住，负荷逐渐增加并趋于稳定。即典型行政办公配变负荷发展阶段具有负荷发展初期和饱和阶段。

（4）居民住宅配变的平均负荷需用系数为 0.20～0.40 之间。投运前 4 年居民配变的平均负荷需用系数为 0.20～0.30 之间，随着居民的逐步装修入住，投运 5 年及以上的居民配变的平均负荷需用系数为 0.30～0.40 之间。即典型居民配变负荷发展阶段有两个发展阶段：负荷发展期（配变投运 1～4 年）和负荷发展饱和期（配变投运 5 年及以上）。不同类型负荷 S 型增长曲线如图 7-1 所示。

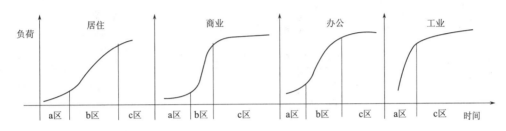

a区：进驻期；b区：成长期；c区：成熟期

图 7-1　不同类型负荷 S 型增长曲线

以国内其他同级别城市为参照，对金华市、珠海市和南宁市典型配电网用户的负荷需用系数发展趋势进行调研，进一步校验修正结论，确定省内配电网用户负荷需用系数推荐值，配电网用户负荷需用系数推荐值见表 7-3。

表 7-3　　　　　　　　　　　配电网用户负荷需用系数推荐值

地 区	配变性质	负 荷 发 展 阶 段	平均负荷需用系数
浙江省	工业配变	负荷发展饱和期	0.6～0.8
	商业配变	负荷发展期（配变投运 1～3 年）	0.4～0.5
		负荷发饱和期（配变投运 4 年及以上）	0.5～0.6
	行政办公配变	负荷发展初期	0.3～0.4
		负荷发展饱和期	0.4～0.5
	居民住宅配变	负荷发展期（配变投运 1～4 年）	0.2～0.3
		负荷发饱和期（配变投运 5 年及以上）	0.3～0.4

根据上表实际的需用系数推荐值，原先的用户专线接入标准已不适应多元化负荷的发展需求。

7.5　用户专线接入标准优化

现有的专线接入标准参照《国网浙江省电力公司 10kV 配电网典型供电模式技术规范》（Q/GW11 355—2013-10104）及《国网公司业扩编制导则（2010）》进行接入，10kV 的专线接入容量标准为 8MVA，未区分行业。但是在实际运行中，对于不同性质的负荷，其实际运行最大负荷差别较大。例如，某小区报装容量为 10000kVA 的居民线路，在 7 年后实际最大负荷往往不到 3000kW。而对于报装容量为 10000kVA 的工业负荷，其实际最大负荷往往能达到 6000～8000kW 甚至更高。因此，不同行业其需用系数相差较大。根据上节行业需用系数研究结果，以及 10kV 典型供电模式下线路的最大挂接容量和供电能力的范围，对用户专线接入标准进行优化。得出以下优化后的专线接入标准：用户采用 10kV 接入时，工业用户受电变压器总容量大于等于 8000kVA，商业用户受电变压器总容量大于等于 15000kVA。住宅小区受电变压器总容量大于等于 17000kVA 时，经论证后可从变电站或开关站新出专线接入。优化后的专线接入标准充分考虑行业间的负荷发展特性，差异化不同行业间的接入标准，与实际的各行业需用系数相匹配，指导用户专线的接入。优化后的 10kV 用户专线接入标准见表 7-4。

表 7-4   优化后的 10kV 用户专线接入标准   单位：kW

受电变压器总容量	普通公线 T 接	根据负荷特性论证采用用户综合线、开关站等接入	经论证后可采用专线接入
工业用户	<5000	5000～8000	>8000
商业/公建	<8000	8000～15000	>15000
住宅小区	<12000	12000～17000	>17000

另外，实际运行中存在大用户分期投运的情况。对于此类用户，初期报装容量达到接入标准的可以由变电站间隔或开关站直接出专线；初期报装容量未达到标准，但终期容量达到标准的应先从环网室和环网箱间隔出线，待远期负荷增长满足接入要求后再转由变电站或开关站出线。

7.6 用户接入方案

根据前述用户接入优化计算分析，改变传统以报装容量接入的原则，制定按用户用电负荷接入的原则如下：

对一般用户，用电负荷需求在 5000kW 以下的，宜采用接入环网箱、开关站及架空线等 T 接方式供电。

用电负荷需求在 5000kW 及以上且小于 10000kW，宜采用变电站 10kV 单回路专线供电。

用电负荷需求在 10000kW 及以上且小于 13000kW，宜采用一回 10kV 专线加一回公用线 T 接的方式满足供电，该专线和 T 接的公用线路应在同一段母线。

用电负荷需求在 13000kW 及以上且小于 20000kW，应综合考虑项目所在供电区域、网架结构及周边负荷发展需求，经技术经济比较后，采用 35kV 单回路专线接入。

用电负荷需求在 20000kW 及以上且小于 30000kW，应综合考虑项目所在供电区域、网架结构及周边负荷发展需求，经技术经济比较后，宜采用 35kV 或 110kV 单回路供电。

用电负荷需求在 30000kW 及以上且小于 100000kW，宜采用 110kV 单回路供电。

用电负荷需求在 100000kW 及以上的各类型用户，宜采用 220kV 及以上电压等级供电。

对一、二级重要用户，在一般用户方案的基础上，从同一变电站不同母线或不同变电站再新增相应的专线供电。对特级重要用户，在一、二级用户的接入方案基础上，增加接入第三路电源，当任何两路电源发生故障时，该电源能保证独立正常供电。不同负荷用户接入电压及接线方式一览表见表 7-5。

表 7-5　　　　　　　　　　　不同负荷用户接入电压及接线方式一览表

用电负荷 P/kW	电压等级/kV	接 线 类 型			备　注
		普通用户	一、二级用户	特级用户	
$P<5000$	10	公线 T 接	环网箱、开关站、架空线电源来自变电站不同母线或不同变电站	在一、二级用户的基础方案上，增加接入第三路电源，当任何两路电源发生故障时，该电源能保证独立正常供电	
$5000{\leqslant}P<10000$	10	单回专线	同一变电站不同母线或不同变电站分别出一回专线		
$10000{\leqslant}P<13000$	10	单回专线+公线 T 接	同一变电站不同母线或不同变电站分别出一回专线+两回不同母线公线 T 接		
$13000{\leqslant}P<20000$	35	单回专线	同一变电站不同母线或不同变电站分别出一回专线		用户处于 35kV 限制发展或无接入条件地区可采用 10kV
$20000{\leqslant}P<30000$	35	单回专线			经过经济技术比较后选用
	110	单回专线			用户处于 35kV 限制发展或无接入条件地区
$30000{\leqslant}P<100000$	110	单回专线			
$P{\geqslant}100000$ 以上	220	单回专线			

7.7　典型案例分析

【例 7.7.1】 某机械加工厂投产运行报装容量为 10MVA。该机械加工厂实际接有流水作业的金属切削机床电动机 30 台共 5MVA，通风机 3 台共 0.5MVA，吊车 1 台共 0.5MVA。试计算此机械加工厂负荷需用系数，并确定合适接入方式。

分析：先求机械加工厂实际最大负荷

$$P_{\max}=5+0.5+0.5=6\text{MW}$$

根据用户行业需用系数的定义为

$$X=P_{\max}/S_{\text{B}}$$
$$X=6/10=0.6$$

根据原有的专线接入标准，10MVA 的报装容量需采用专线接入，但其实际最大负荷只能达到 6MW，用电设备总容量在 8MVA 以下的用户可接入公用 10kV 线路开关站、环网室、环网箱、电缆分支箱、架空主干线及架空分支线等。

【例 7.7.2】 某居民住宅小区报装容量 10MVA，由多层、高层住宅组成，试用需要系数法确定此线路上的计算负荷，并确定合适接入方式。

根据原有的专线接入标准，8MVA 的报装容量可以采用专线接入，但根据住宅需用系数标准，其实际最大负荷只能达到 $10 \times 0.3 = 3MW$ 左右。同时由于该小区有高层建筑，含电梯、消防等二级负荷，需要给予双回路供电。因此将该小区环网室环入公线双环网，环网室两段母线分别来自不同的变电所母线或不同的变电所，小区 1~4 号配电室由该环网室供电，小区接入方案如图 7-2 所示。

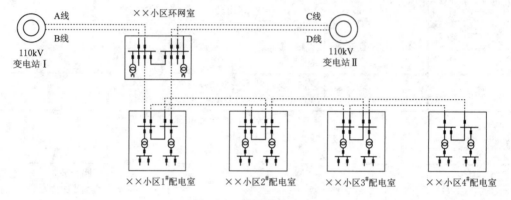

图 7-2 小区接入方案

8 电源接入规划

配电网应满足国家鼓励发展的各类电源及新能源及微电网的接入要求，逐步形成能源互联及能源综合利用的体系。

8.1 电源概述

电源是配电网服务的主要对象之一，接入配电网的电源以分布式电源为主，此外还有少量的常规电源，电源接入系统工程需纳入配电网规划统筹考虑，接入方案应符合配电网典型目标网架要求，并根据电源性质、发电容量及电网接入条件等因素，进行技术经济比较后再确定。

在系统规划设计阶段，接入配电网的电源可分为常规电源和分布式电源两种。电源按能源类型可以划分为太阳能发电、小水电、火电、风力发电、资源综合利用发电、天然气发电、生物质能发电、电热能和海洋发电及燃料电池发电等形式，其接入电网主要通过变流器、同步电机和感应电机三类设备。

8.2 电源接入原则

电源接入的电压等级应根据接入配电网相关供电区域电源的规划总容量、分期投入容量、机组容量、电源在系统中的地位、供电范围内配电网结构和配电网内原有电压等级的配置以及电源到公共连接点的电气距离等因素来选定。

8.3 电源接入方案

对于电源类用户，装机容量在6000kW以下的电源，宜采用T接入方式接入10kV公用线路。

装机容量在6000kW及以上且小于13000kW的电源，宜采用10kV专线接网。

装机容量在13000kW及以上且小于20000kW的电源，在技术条件满足的情况下，宜采用T接方式接入35kV公用线路。

装机容量在20000kW及以上且小于30000kW的电源，在技术条件满足的情况下，宜采用T接方式接入35kV公用线路。不具备35kV公用线路T接条件的，则宜采用110kV公用线路T接的方式接网。装机容量在30000kW及以上且小于100000kW的电源，在技术条件满足的情况下，可从就近110kV公用线路T接，不具备T接条件的，宜采用

110kV 单回路专线接网。不同容量电源用户接入电压及接线方式一览表见表 8-1。

表 8-1   不同容量电源用户接入电压及接线方式一览表

装机容量 S/kW	电压等级/kV	一般接线类型	备注（采用其他类型的条件）
$S<6000$	10	公线 T 接	
$6000 \leq S<13000$	10	单回路专线	
$13000 \leq S<20000$	35	公线 T 接	无接入条件，经过经济技术比较后也可采用专线
$20000 \leq S<30000$	35	公线 T 接	同上
	110	公线 T 接	同上
$30000 \leq S \leq 100000$	110	公线 T 接	无接入条件，经过经济技术比较后也可采用专线，特别重要电源采用双回专线
$S>100000$	220	双回专线	

8.4 分布式电源接入方案

8.4.1 分布式电源概述

分布式电源（distributed generation）是接入 35kV 及以下电压等级，位于用户附近，在用户所在场地或附近建设安装、运行方式以用户侧自发自用为主、多余电量上网，且在以配电网系统平衡调节为特征的发电设施或有电力输出的能量综合梯级利用多联供设施。包括同步发电机、异步发电机、变流器、太阳能、天然气、生物质能、风能、地热能、海洋能以及资源综合利用发电（含煤矿瓦斯发电）等类型电源。在分布式电源接入前，应以保障电网安全稳定运行和分布式电源消纳为前提，对接入的配电线路载流量和变压器容量进行校核，并对接入的母线、线路及开关等进行短路电流和热稳定校核，如有必要也可进行稳定校核。不满足运行要求时，应进行相应电网改造或重新规划分布式电源的接入。

在国家"碳达峰、碳中和"、构建以新能源为主体的新型电力系统战略目标引领下，分布式电源将成为未来一段时期新能源发展重点。浙江省分布式电源以分布式光伏为主，主要建设于工商业企业和居民屋顶，截至 2020 年 12 月，全省光伏发电装机达到 1517 万 kW，其中分布式光伏 1070 万 kW，占比约 70%，并网容量居全国前列。近期，国家能源局印发《关于报送整县（市、区）屋顶分布式光伏开发试点方案的通知》，要求利用建筑屋顶开发分布式光伏，推动资源整合集约利用、引导绿色能源消费。这将促进分布式光伏应用由客户自发式向政府主导式发展，进一步提升浙江分布式光伏规模化集中连片开发水平。

8.4.2 接入技术原则

由于分布式电源（光伏）建设地点和出力的不确定性，伴随其高密度高渗透接入电网，系统负荷及电源等规划边界条件发生重要变化，电网规划将由原来的确定性规划转变为多场景概率性规划，规划理念和方法需要进行适应性调整。

高弹性配电网规划需重点开展多元负载耦合场景下分布式电源接入配电网的适应性分析，核算配电网对分布式电源的接入和消纳能力，并提出储能等灵活调节资源配置建议，满足分布式电源发展和源网荷储协同规划要求。

（1）分布式电源接入容量应按照安全性、灵活性和经济性的原则，根据已接入分布式电源容量、配电线路载流量、上级变压器及线路可接纳能力以及地区配电网负荷等情况综合比选后确定。

（2）在分布式电源接入前，应以保障电网安全稳定运行和分布式电源消纳为前提，对接入的母线、线路及开关等进行短路电流和热稳定校核，如有必要也可进行动稳定校核。若不满足运行要求，应进行相应电网改造或重新规划分布式电源的接入。

（3）建立健全分布式电源消纳能力评估机制，在配电网规划中分站分线测算分布式电源（光伏）最大接入能力，评估结论动态更新，定期发布，促进分布式电源项目科学布局和源网荷动态匹配。

8.4.3 接入容量

1. 叠加计算法

配电网承载能力映配电网对分布式光伏的接入和消纳能力，其影响因素主要有配电网的输送能力、短路容量、负荷水平及调节资源（储能）及分布式光伏的接入位置。

通过梳理网格内负荷特性曲线和储能充放电曲线，使其与分布式电源出力曲线进行耦合，以耦合后整体上送潮流不超过本线路的允许容量、所有本级配电网上送潮流之和不超过上一级变压器的额定容量以及上一级线路的允许容量为边界条件，测算分布式电源理论可接入容量，然后利用系统短路容量和电压波动约束校核测算数据，得到分布式电源实际可接入容量。

（1）抓取网格内负荷特性曲线数据及规划增长量，拟合规划期内负荷特性曲线。

（2）分析网格内负荷特性曲线，结合上一级电网允许本级电网上送容量和接入储能的出力情况，测算该网格分布式光伏最大可接入容量，公式如下：

$$E_{\text{permit}} = \frac{P_o + S_{\text{limit}} + S_{\text{ES}}\eta_{\text{ES}}}{\eta} \tag{8-1}$$

式中：P_o 为年最小日间负荷，或按年最大负荷 10% 取值；S_{limit} 为本级电网上送约束容量，取变上一级变压器额定容量、线路的允许容量的较小值；S_{ES} 为该线路接入的储能容量；η_{ES} 为储能出力系数，取储能容量的 70%～90%；η 为分布式光伏最大出力系数，取 80%。

根据测算边界条件，可规划在分布式光伏集聚的产业园区，分布式光伏与储能装置、可调节负荷等灵活资源协同运行时，可提升系统分布式电源接入和消纳能力。

2. 近似计算法

分布式光伏接入区域电源类型相对单一时刻采用近似计算法，以简化计算过程。

（1）最大接入容量。

$$\text{线路极限接入容量} = \frac{\text{线路限额}}{k_1 k_2 k_3 k_4} \tag{8-2}$$

式中：k_1 为光伏出力系数，根据全省分布式光伏出力情况统计，浙江地区一般为 0.85；k_2 为可靠性系数，根据线路所在供电分区确定，A+/A/B 类：0.8；C 类：0.9；D 类：1；k_3 为分散系数，均匀接入时，建议取值为 1；集中接入时，首段 1/3 取 1，中间段1/3取

0.9，末段 1/3 取 0.8；k_4 为负荷系数，根据线路夏季白天最小负荷确定，一般取值为 1～1.25。

（2）最优接入容量。

分布式光伏接入的一般原则为就地平衡及网损最小。

负荷分布均匀时，接入位置位于线路 1/2 处附近时，最优接入容量为最大负荷的 3/4；接入位置位于线路末端时，最优接入容量为最大负荷的 1/2。

负荷集中分布时，尽量接入到负荷集中点，接入容量不宜超过最大负荷。

8.4.4 接入电压

分布式电源并网电压等级可根据装机容量进行初步选择，分布式电源并网电压等级参考见表 8-2，最终并网电压等级应根据电网条件，通过技术经济比选论证确定。

表 8-2　　　　　　　　　　分布式电源并网电压等级参考表

电源总容量范围	并网电压等级	电源总容量范围	并网电压等级
8kW 及以下	220V	400kW～6MW	10kV
8～400kW	380V	6～100MW	35kV、110kV

8.4.5 接入方式

分布式电源接入方式可分为直接接入公共电网和接入用户内部电网两种方式。实际接入管理中应根据分布式电源装机容量并兼顾运营模式，合理确定接入电压等级和接入点。具体接入方式可参考以下典型方案。

1. 10kV 专线接入公共电网

本方案主要适用于采用全额上网的分布式电源项目接入，公共连接点为公共电网变电站 10kV 母线，单个并网点参考装机容量 1～6MW；公共连接点为公共电网开关站、配电室或箱变 10kV 母线，单个并网点参考装机容量 400kW～6MW。10kV 专线接入公共变电站 10kV 母线如图 8-1 所示。10kV 专线接入开关站、配电室或箱变 10kV 母线如图 8-2 所示。

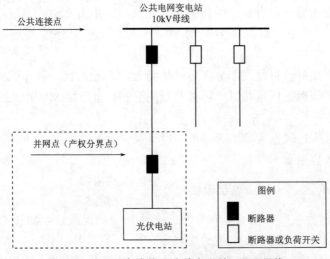

图 8-1　10kV 专线接入公共变电站 10kV 母线

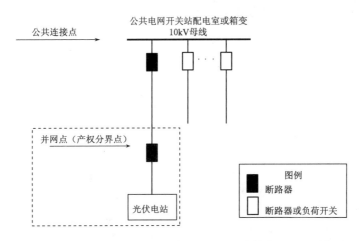

图 8-2 10kV 专线接入开关站、配电室或箱变 10kV 母线

2. 10kV T 接方式接入公共电网

本方案主要适用于采用全额上网的分布式电源项目接入，公共连接点为公共电网 10kV 线路 T 接点，单个并网点参考装机容量 400kW～6MW。10kV T 接方式接入公共电网接线示意图如图 8-3 所示。

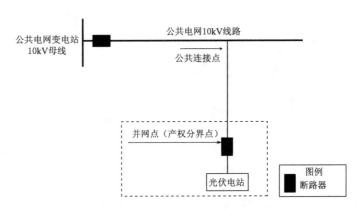

图 8-3 10kV T 接方式接入公共电网接线示意图

3. 10kV 接入用户内部电网

本方案主要适用于接入用户内部电网、自发自用及余量上网的光伏发电项目，单个并网点参考装机容量为 400kW～6MW。按照用户接入公共电网方式的不同分为两个子方案。10kV 接入用户内部电网方案一如图 8-4 所示。10kV 接入用户内部电网方案二如图 8-5 所示。

4. 380V 接入公共电网

本方案主要适用于接入公共电网的光伏发电项目，公共连接点为公共电网配电箱或线路，单个并网点参考装机容量不大于 100kW，采用三相接入；装机容量 8kW 及以下，可采用单相接入；公共连接点为公共电网配电室或箱变低压母线，单个并网点参考装机容量

20～400kW。380V 接入公共配电箱或线路如图 8-6 所示。380V 接入公共配电箱母线如图 8-7 所示。

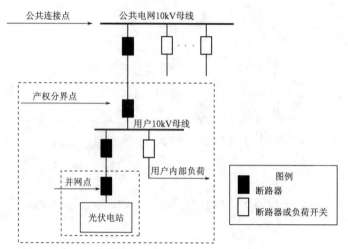

图 8-4   10kV 接入用户内部电网方案一

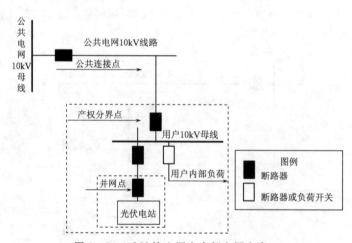

图 8-5   10kV 接入用户内部电网方案二

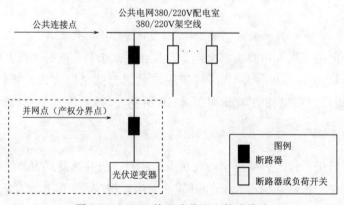

图 8-6   380V 接入公共配电箱或线路

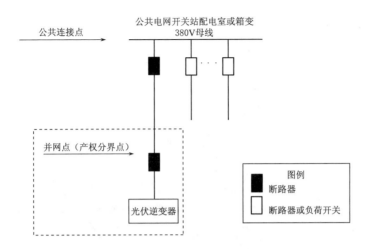

图 8-7 380V 接入公共配电箱母线

5. 380V 接入用户内部电网

本方案主要适用于 380V 接入用户内部电网、自发自用/余量上网的光伏发电项目，单个并网点参考装机容量不大于 400kW，采用三相接入，装机容量 8kW 及以下，可采用单相接入。根据用户接入电压等级的不同，以 380V 接入用户内部电网的方式可分为两个方案。380V 接入用户配电箱或线路如图 8-8 所示。380V 接入用户内部配电室或箱变低压母线如图 8-9 所示。

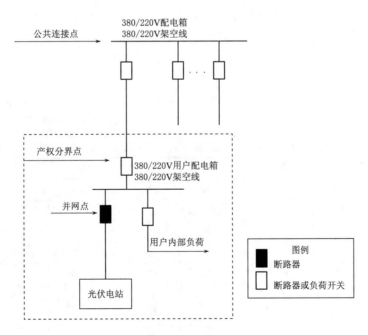

图 8-8 380V 接入用户配电箱或线路

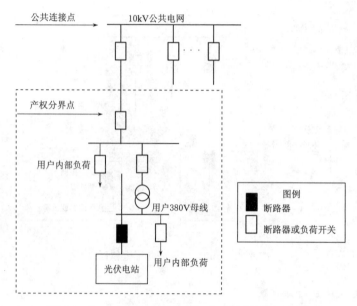

图 8-9　380V 接入用户内部配电室或箱变低压母线

8.5　分布式接入规划典型案例

8.5.1　分网格电力需求及电源开发预测

某县小水电和光伏发电资源丰富，小水电已基本开发完毕，光伏发电正迎来快速增长期。该县未来新增分布式清洁电源以光伏为主，依据光伏开发形式，园区厂房、城区商业建筑、市政建筑屋顶分布式光伏、农村屋顶、农村荒山荒坡集中光伏电站、农光互补电站等各种形式光伏电源均会迎来快速增长。

汇总本区域常规负荷、电动汽车、光伏以及水电的综合预测，某县网格光伏及小水电开发预测见表 8-3。其中光伏的测算根据政府可开发的地块和屋顶来测算。

表 8-3　　　某县网格光伏及小水电开发预测（依据政府开发地块测算）

网格名称	电源类型	2020 年	2021 年	2022 年	2023 年	2024 年	2025 年
中村网格	光伏 MWp	2.99	7.92	10.68	15.54	17.92	18.07
	水电 MW	4.14	4.14	4.14	4.14	4.14	4.14
	合计	7.13	12.06	14.82	19.68	22.06	22.21
根博网格	光伏 MWp	1.53	3.58	6.06	8.67	9.65	9.77
	水电 MW	0.00	0.00	0.00	0.00	0.00	0.00
	合计	1.53	3.58	6.06	8.67	9.65	9.77
玉屏网格	光伏 MWp	1.92	3.69	5.93	7.96	8.08	8.20
	水电 MW	0.60	0.60	0.60	0.60	0.60	0.60
	合计	2.52	4.29	6.53	8.56	8.68	8.8

续表

网格名称	电源类型	2020 年	2021 年	2022 年	2023 年	2024 年	2025 年
南湖网格	光伏 MWp	2.42	4.19	6.93	9.46	10.08	10.20
	水电 MW	3.10	3.10	3.10	3.10	3.10	3.10
	合计	5.52	7.29	10.03	12.56	13.18	13.3
生态网格	光伏 MWp	2.20	4.30	5.30	6.25	7.00	7.14
	水电 MW	1.50	1.50	1.50	1.50	1.50	1.50
	合计	3.7	5.8	6.8	7.75	8.5	8.64
林山网格	光伏 MWp	3.16	6.86	8.81	16.59	18.31	18.40
	水电 MW	1.61	1.61	1.61	1.61	1.61	1.61
	合计	4.77	8.47	10.42	18.2	19.92	20.01
华民网格	光伏 MWp	3.69	4.65	5.66	7.75	8.39	8.89
	水电 MW	1.50	1.50	1.50	1.50	1.50	1.50
	合计	5.19	6.15	7.16	9.25	9.89	10.39
华阳网格	光伏 MWp	4.08	5.28	9.74	17.99	18.84	18.99
	水电 MW	0.98	0.98	0.98	0.98	0.98	0.98
	合计	5.06	6.26	10.72	18.97	19.82	19.97
桐村网格	光伏 MWp	2.57	3.01	4.96	8.71	11.90	12.79
	水电 MW	0.65	0.65	0.65	0.65	0.65	0.65
	合计	3.22	3.66	5.61	9.36	12.55	13.44
封家网格	光伏 MWp	1.87	2.44	4.01	8.19	9.90	10.28
	水电 MW	0.00	0.00	0.00	0.00	0.00	0.00
	合计	1.87	2.44	4.01	8.19	9.9	10.28
杨林网格	光伏 MWp	3.20	4.40	6.06	9.33	12.82	13.22
	水电 MW	0.96	0.96	0.96	0.96	0.96	0.96
	合计	4.16	5.36	7.02	10.29	13.78	14.18
齐溪网格	光伏 MWp	11.12	14.90	18.61	28.42	37.08	37.96
	水电 MW	3.35	3.35	3.35	3.35	3.35	3.35
	合计	14.47	18.25	21.96	31.77	40.43	41.31
村头网格	光伏 MWp	16.36	23.36	26.62	37.00	46.85	47.76
	水电 MW	4.29	4.29	4.29	4.29	4.29	4.29
	合计	20.65	27.65	30.91	41.29	51.14	52.05
苏庄网格	光伏 MWp	4.08	6.36	7.75	10.39	11.76	12.02
	水电 MW	1.12	1.12	1.12	1.12	1.12	1.12
	合计	5.2	7.48	8.87	11.51	12.88	13.14
虹桥网格	光伏 MWp	7.21	7.74	9.79	11.78	13.50	14.10
	水电 MW	5.72	5.72	5.72	5.72	5.72	5.72
	合计	12.93	13.46	15.51	17.5	19.22	19.82

网格名称	电源类型	2020 年	2021 年	2022 年	2023 年	2024 年	2025 年
芹阳分区	光伏 MWp	14.22	30.55	43.71	64.48	71.03	71.78
	水电 MW	10.94	10.94	10.94	10.94	10.94	10.94
	合计	25.16	41.49	54.65	75.42	81.97	82.72
华埠分区	光伏 MWp	13.62	17.46	26.15	44.06	53.56	55.76
	水电 MW	4.08	4.08	4.08	4.08	4.08	4.08
	合计	17.7	21.54	30.23	48.14	57.64	59.84
马金分区	光伏 MWp	27.49	38.27	45.23	65.42	83.93	85.73
	水电 MW	7.64	7.64	7.64	7.64	7.64	7.64
	合计	35.13	45.91	52.87	73.06	91.57	93.37
池淮分区	光伏 MWp	11.29	14.10	17.54	22.17	25.26	26.11
	水电 MW	6.84	6.84	6.84	6.84	6.84	6.84
	合计	18.13	20.94	24.38	29.01	32.1	32.95

8.5.2　分布式光伏消纳能力校核

1. 电网现状

以华阳网格为例，华埠分区华阳网格面积 13.39km²，包括孔埠地块、华一地块、华阳地块、叶家地块、华锋地块及杨村园区一期地块。开化工业园区杨村一期占地 78.51hm²，入驻企业 77 家；孔埠地块主要为工业用地，目前已有华康药业；华一、华阳和华锋地块为商住用地，目前已建成有华埠镇政府、地税局、华埠镇中心幼儿园和华埠中学等市政公用单位，以及润和家园、龙顶苑、锦华苑和滨江景苑等居民住宅小区；叶家地块为开化高铁站。

本网格共有 10kV 线路 13 回，分别为华电 6001 线、杨村 6002 线、罗电 6005 线、江东 6006 线、煤矿 6007 线、华联 6008 线、城北 6009 线、华硅 6015 线、铁路 6003 线、车站 6018 线、华康 6010 线、硅宏 6014 线和华业 6020 线，共形成二组接线单元，为非标准接线。

目前有小水电装机 0.98MW，分布式光伏 4.08MWp，电动汽车充电负荷 0.33MW。

2. 网架规划

根据网格化规划，2024 年新建线路 3 回，至 2025 年该网格共有线路 16 条，形成 2 组架空多分段单联络接线，6 组多分段适度联络接线。

3. 反向输送限额测算

根据配电网可开放容量测算规程，配电网可开放容量校核方法公式为：反向负载率 λ 为

$$\lambda = \frac{P_D - P_L}{S_e} \times 100\% \qquad (8-3)$$

式中：P_D 为分布式电源出力；P_L 为同时刻等效用电负荷，即负荷减去除分布式电源以外的其他电源出力；S_e 为变压器或线路实际运行限值。反向负载率 λ 不应超过 80%，即

电网反送潮流不超过设备限额的 80%。

光伏最大可开放容量＝常规用户谷荷＋电动汽车负荷-可调节负荷＋储能-小水电出力＋线路反向输送限额。

其中：小水电出力按 30% 考虑。

华阳网格主供电源为 110kV 华埠变，容量为（50＋40）MW，考虑功率因素 0.95 和反向 80% 负载，实际反向上送限额为 68.4MW，其 19 回出线单回线路上送限额为 3.6MW。该网格 13 回线路最大上送限额为 46.8MW。在 2024 年新建 3 回线路后，该网格达到 16 回线路，最大上送限额为 57.6MW。华阳网格光伏开放容量校核表见表 8-4。

表 8-4　　　　　　　　　　华阳网格光伏可开放容量校核表

网格名称	年 度		2020 年	2021 年	2022 年	2023 年	2024 年	2025 年
华阳网格	常规用户	电量/亿 kWh	0.93	1	1.1	1.21	1.33	1.48
		年增长率/%	/	7.96	9.23	10.03	10.32	11.1
		春谷负荷/MW	22.7	24.59	26.92	29.64	32.76	36.64
		年增长率/%	/	8.32	9.47	10.12	10.51	11.84
	电动汽车	充电量/亿 kWh	0.0004	0.0006	0.0008	0.0011	0.0015	0.0021
		年增长率/%	/	38	39	40	38	39
		充电负荷/MW	0.33	0.45	0.61	0.82	1.1	1.51
		年增长率/%	/	35	36	35	35	37
	可调节负荷/MW		1.47	1.83	2.07	2.44	2.64	2.96
	储能/MW		0	0	0.18	0.34	0.47	0.59
	清洁能源	风电/MW	0	0	0	0	0	0
		小水电/MW	0.975	0.975	0.975	0.975	0.975	0.975
	多能互补综合能源系统		0	0	0	0	0	0
	小水电出力/MW		0.29	0.29	0.29	0.29	0.29	0.29
	线路反向输送限额/MW		46.80	46.80	46.80	46.80	57.60	57.60
	线路最大平均负载率/%		21.35	23.12	25.32	27.87	25.03	28.00
	光伏可开放容量/MWp		68.07	69.72	72.15	74.87	89.00	93.09
	光伏测算/MWp（根据政府可开发面积）		4.08	5.28	9.74	17.99	18.84	18.91

根据上述校核结果，至 2025 年，华阳网格光伏可开放容量为 93.09MWp，政府规划开发测算为 18.91MWp，小于可开放容量，满足光伏接入需求。

9 储能接入规划

9.1 储能概述

储能是能源互联网的重要组成部分和关键支撑技术。储能能够为电网运行提供调峰、调频、备用、黑启动及需求响应支撑等多种服务，是提升电力系统灵活性、经济性和安全性的重要手段；储能能够显著提高风、光等可再生能源的消纳水平，支撑分布式电力及微网，是推动主体能源由化石能源向可再生能源更替的关键技术；储能能够促进能源生产消费开放共享和灵活交易、实现多能协同，是构建能源互联网，促进能源新业态发展的核心基础。

9.1.1 储能应用场景

电源侧：在高比例新能源接入地区，通过新能源场站配套建设，促进新能源消纳，为电力系统提供惯量支撑及一次频率调节。在高比例新能源和大容量直流接入地区，规模化储能可弥补高比例新能源和大容量直流接入可能带来的大功率不平衡量的冲击问题，提升同步电网的惯量支撑，以及在电网大扰动后期的一次调频能力，有效降低电网频率越限和失稳风险。

电网侧：满足地区短时尖峰负荷供电，延缓输电网建设及配电网升级改造投资。利用储能满足尖峰负荷供电需求，可延缓为满足短时最大负荷或网络阻塞而新增的电网建设投资。储能扩容配置简单灵活，将成为未来电网保障峰荷供电、节约基建投资及提高输变电设备利用率的刚性需求。

用户侧：通过虚拟电厂将分布式储能资源聚合实现源网荷储协调互动及需求响应，提高配电网供电可靠性。将各类分布式储能资源进行聚合并协同用户侧可调节负荷，联合参与价格型和激励型需求响应，可深度释放各类可调节负荷的潜能，实现各方互益共赢，产生巨大的市场需求。

9.1.2 储能分类

储能主要分为电能储能和物理储能。电能存储方式可分为物理储能、电磁场储能和电化学储能。物理储能方式包括抽水蓄能、压缩空气储能、相变储能和飞轮储能；电磁场储能方式包括超导储能、超级电容储能和高能密度电容储能；电化学储能主要有铅酸电池、液流电池、钠硫电池、镍氢电池、镍镉电池、锂离子电池等储能形式。储能类型见表 9-1。

表 9-1　　　　　　　　　　　　　　　　　　储 能 类 型

作用时间	应 用 场 景	运行特点	对 储 能 的 技 术 要 求	重点关注的储能类型
秒级	辅助一次调频、提供系统阻尼、电能质量	动作周期随机ms级响应速度大功率充放电	高功率 高响应速度 高存储/循环寿命 高功率密度及紧凑型的设备形态	飞轮储能 超级电容器储能
分钟至数小时	平滑可再生能源发电、跟踪计划出力、二次调频、提高输配电设施利用率、削峰填谷	充放电转换频繁S级响应速度可观的能量	一定的规模 高循环寿命（万次以上） 便于集成的设备形态	电化学储能
数时级以上	电网削峰填谷、负荷调节	大规模能量吞吐	大规模（100MW/100MWh以上） 深充深放（循环寿命5000次以上） 资源和环境友好 成本低	抽水蓄能 压缩空气 熔融盐 储氢

9.1.3　储能容量配置原则

总体配置原则：电源侧推进"光伏＋储能"发电方式，电网侧在枢纽变电站及重要线路配置储能，负荷侧配置分布式用户侧储能，在运行侧配置移动储能应急电源。

1. 电网侧

电网侧储能电站的主要作用是削峰填谷，并适当考虑其服务范围内分布式电源的影响。

配置场景：电网建设成本高、负荷尖峰显著和重要用户较多的区域。

配置原则：变电站按照削减最大负荷至65％以下所需功率，时间1～2h；线路按照满足"N-1"的负载率确定。重要用户按照用户二级以上重要负荷配置同等功率储能，放电时间为2h。

2. 电源侧

配置于常规电源侧的电化学储能，有利于提升常规电源机组的调节性能和运行灵活性，其容量配置应从满足机组最小技术出力和机组调节速度的角度考虑。配置于新能源发电侧的电化学储能，可实现新能源的平滑出力，提高风、光等资源的利用率。

配置场景：根据新能源装机容量配置储能。

配置原则：整县光伏推进县域按照集中式和分布式储能相结合的方式配置，其他地区考虑以分布式储能为主。

$$P_{\min} = K \times 分布式光伏装机容量$$

式中：K 取值为光伏发电10％、风电20％。

3. 用户侧

配置场景：可靠性需求较高、电能质量敏感、峰谷差大和需求侧响应比例高的用户。

配置原则：改善供电质量的用户，可根据实际负荷规模及电能质量要求按需配置；峰谷套利的用户，储能容量一般可按照最大负荷的10％左右配置，放电时间2h。

9.2 电网侧储能电站的技术原则

9.2.1 储能电站站址选择的条件和要求

储能电站站址的选择应适应电力系统发展规划和布局的要求，尽可能接近主要用户，靠近负荷中心，同时需与城乡规划、土地利用总体规划等地方规划相协调。站址选择应充分考虑节约用地，提高土地利用率，宜利用改造闲置变电站、空余土地、荒地、劣地，不占或少占农田，利用地形，减少场地平整土（石）方量和现有设施拆迁工程量；应充分利用各方面的公用设施和现场条件，满足大件设备运输和生产用水的要求，方便施工和运行；站址场地面积应满足近期所需，并应根据远期发展规划需要留有发展余地。

储能电站站址不宜设在多尘或有腐蚀性气体的场所，必要时应采取相应的防污染措施，此外应避让重点保护的自然区、风景区、人文遗址及有重要开采价值的矿藏，并满足环境保护的要求。选所应考虑储能电站与飞机场、导航台、地面卫星站、地震台、收发信台、军事设施、通信设施及易燃易爆设施等的相互影响和协调，符合现行有关国家标准，并取得有关必要协议。

站址选择的防洪及防涝应符合下列规定：

（1）大型电化学储能电站（功率为30MW且容量为30MWh及以上）站址场地设计标高应高于频率为1%的洪水水位或历史最高内涝水位；

（2）中、小型电化学储能电站站址场地设计标高应高于频率为2%的洪水水位或历史最高内涝水位；

（3）当站址场地设计标高无法满足上述要求时，应设置可靠的挡水设施或使主要设备底座和生产建筑物室内地坪标高高于上述高水位。

9.2.2 储能电站规划、设计技术原则

1. 储能系统规模

220kV整体改造变电站推荐配置储能功率为50MW的储能电站，110kV整体改造变电站推荐配置储能功率为11MW的储能电站；新建220kV变电站（多征地）推荐配置储能功率为25MW的储能电站；新建110kV变电站（多征地）推荐配置储能功率为10MW的储能电站。

2. 并网要求

大、中型电化学储能电站接入电网的电压等级宜选择10kV或35kV，电站接入电网不应影响原有电网绝缘配合和保护配置，储能电站的接地方式应与电网接地方式保持一致。

3. 出线规模

储能电站的进线回路数为电站接入变电站低压侧的回路数，根据储能电站接入电网的电压等级不同，建议10kV进线为1~6回，单段10kV储能母线出线总回路数为5~8回，最多不超过10回；35kV进线为1~4回，单段35kV储能母线出线总回路数为5~8回，最多不超过10回。

4. 电气主接线

储能电站的电气主接线应根据电站电压等级、规划容量、变压器连接元件总数及储能系统设备等特点确定,并应满足供电可靠、运行灵活、操作检修方便、投资节约和便于过渡或扩建等要求。高压侧接线应根据系统和电站对主接线可靠性及运行方式的要求来确定,出线电压等级宜根据实际情况采用 10kV 或 35kV。高压侧进线为单回时,宜采用单母线接线,进线超过两回时宜采用单母线分段接线。

5. 储能单元

储能电站的储能单元为电池组、电池管理系统及其相连的功率变换系统组成的最小储能系统,其应根据电化学储能类型、电站容量、接入电压等级、应用需求、功率变换系统性能、电池的特性和要求及设备短路电流耐受能力进行设计,并应选择节能、环保、高效、安全、可靠及少维护型设备。

6. 功率变换系统

储能电站的功率变换系统功能及性能要求应与储能单元需求相匹配,一般一个储能单元配置一个功率变换装置。功率变换系统交流侧电压应优先选择电网标称电压系列,建议选择 0.38(0.4)kV;额定功率应根据储能电站需求选择,宜选择 500kW 或 630kW。功率变换系统拓扑结构宜采用一级变换拓扑型,额定功率不大于 100kW 的系统效率不应低于95%;额定功率大于 100kW 的系统效率不应低于 97%。

当输入电压为额定值,距离设备水平位置 1m 处,功率变换系统运行噪声不应大于 65dB,在站内布置则应有利于通风和散热。

7. 电池及电池管理系统

储能电站的电池应选择安全、可靠及环保型电池,宜根据储能效率、循环寿命、能量密度、功率密度、充放电深度能力、自放电率和环境适应能力等进行选择,可选择铅炭电池和磷酸铁锂电池等。电池应采用模块化设计,电池容量应与储能单元容量相匹配,布置应满足防火、防爆和通风要求。电池管理系统选型应与储能电池性能相匹配,应在电池柜内合理布置或就近布置。

8. 储能电站布置

储能电站的布置应尽量紧凑以减少占地面积和建筑面积,布置形式应结合站址实际情况确定,一般采用户外预制舱式布置或户内布置,户外预制舱式或户内布置的储能系统应设置防止凝露引起事故的安全措施。不同类型的储能系统应根据储能系统功能、容量和环境条件合理分区布置,站区道路宜布置成环形,如有困难时应具备回车条件;站内环形消防通道路面宽度宜为 4m,站区运输道路宽度不宜小于 3m,站内道路的转弯半径应根据行车要求确定,但不应小于 7m;此外,在满足消防安全等要求下,站区内电池系统与功率变换系统应尽量就近布置。

9. 继电保护及安全自动装置

储能电站继电保护及安全自动化装置配置应满足可靠性、选择性、灵敏性及速动性的要求,其规划设计应满足电力网络结构和储能电站电气主接线的要求,并满足电力系统和储能电站各种运行方式的要求,应符合《继电保护与安全自动装置技术规程》(GB/T 14285—2016)的规定。

储能电站与电力系统连接的联络线宜根据建设规模、接入系统情况及运行要求配置保护，宜采用光纤差动保护。直流侧可不配置单独的保护装置，保护功能可由功率变换系统及电池管理系统完成。同时应配置防孤岛保护，非计划孤岛情况下，应在 2s 内动作，将储能电站与电网断开。

9.3   储能推荐接入点

储能功率在 6MW 以上应接入 35kV 电压等级。

储能功率在 100kW 至 6MW 的应接入 10kV 电压等级。

储能功率在 100kW 以下的应接入 220/380V 电压等级。

以区域调峰调频为主的储能电站，应与变电站合建或布置于变电站附近；以线路侧调峰为主的储能电站，应布置于该线路负荷中心；以缓解电网系统"卡脖子"为主的储能电站，应布置于受限区域。

以提高电能质量为主的储能电站，应布置在出现过电压和低电压问题的节点。

以提高供电可靠性为主的储能电站，应布置在单辐射或大分支线路末端，或布置于台区侧，结合光伏等实现"光+储"微网运行。

以山区抗冰灾为主的储能电站，应布置在易发生自然灾害的地区，可通过储能多次充放电来提高导线温度，防止导线覆冰发生导线断裂情况，提高覆冰区供电可靠性。六种典型方案下储能电站的建设容量及面积见表 9-2。

表 9-2   六种典型方案下储能电站的建设容量及面积

项　　目	电池类型	布　置　方　式	功率/容量	面积/m²
220kV 变整体改造	磷酸铁锂电池	全户外预制舱式	50MW/70MWh	12461
110kV 变整体改造	磷酸铁锂电池	全户外预制舱式	11MW/15.4MWh	3572
220kV 新建站（征地）	磷酸铁锂电池	全户外预制舱式	25MW/35MWh	6900
110kV 新建站（征地）	磷酸铁锂电池	全户外预制舱式	10MW/14MWh	2600
220kV 新建站（加层）	磷酸铁锂电池	全户内	12MW/24MWh	1173
	铅炭电池	全户内	6MW/24MWh	
110kV 新建站（加层）	磷酸铁锂电池	全户内	4MW/8MWh	707
	铅炭电池	全户内	1.75MW/7MWh	

9.4   储能典型接入示例

某新区 110kV 高新变 10kV 储能电站，储能系统容量为 6MW/12MWh，以 10kV 电压等级接入变电站 10kV 母线，可解决新区面临的大规模分布式光伏消纳的问题，通过建设储能电站达到提高可再生能源消纳的能力，减少电压的波动；提高电网的调峰调压能力，提高系统灵活性和稳定性，调节主变的负载率，降低线路损耗；也是区域级应急电源的重要角色，在电网故障或极端环境下，实现毫秒级切换供电，提供供电可靠性；为今后电网安全稳定运行提供更丰富的调节手段。

项目建设内容：储能式集装箱（每套含 2MWh 磷酸铁锂储能蓄电池、2 面直流汇流柜、2 套功率变换系统 PCS、BMS 系统）。箱式变电站（每套含 2 面低压进线柜、10kV变压器、1 面高压出线柜）。6 套储能站配套的基础结构、电缆沟道等土建工程。储能接入示意图如图 9-1 所示。

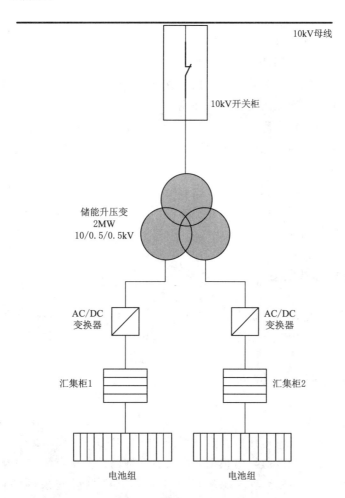

图 9-1 储能接入示意图

项目建设方案：安装共计 6 个集装箱，每座集装箱储能容量 2MWh，总计容量6MW/12MWh，储能计划接于原 10kV 高压配电室，利用原备用 10kV 高压开关柜 1 面，本工程安装 6 座磷酸铁锂电池储能站，总储能容量为 12MWh，每套储能系统接入 1 台SCB10-2000-10.5/0.5/0.5kV 低压分裂升压变压器，共 6 台变压器。6 台变压器高压侧经汇集 1 条线路接入 10kV 高压配电室新装备用柜间隔。储能集装箱（每座含下）2000kW，规格 13m×3.4m。整个储能室预计占地面积（68×26）m^2。

10 充换电设施接入规划

电动汽车充换电设施建设首先应遵守国家法律、法规和相关政策，在此基础上实现先进性、安全性、经济性和便利性的优化。

电动汽车充换电设施作为公共基础设施，应与当地城乡发展规划相协调，满足地方经济与交通发展的要求，并列入当地城乡发展规划。

电动汽车发展到一定规模后，将对电网运行经济性和安全稳定性造成较大影响，充电设施的规划和布局必须与当地电网建设相协调。在保证电网安全的前提下，与电网形成良好的交互，引导电动汽车合理使用电能，实现有序充电。

电动汽车充换电设施的规划布局应与当地电动汽车发展规划相适应，并适度超前，满足推动电动汽车发展的需求。可根据服务车辆需求规划设计电动汽车充换电设施的建设类型、建设规模和服务范围等。

10.1 充换电设施概述

充换电设施概述为电动汽车提供电能的相关设施的总称，一般包括充电站、电池更换站、电池配送中心以及集中或分散布置的交流充电桩等。

10.2 充换电设施接入原则

10.2.1 电压等级

充换电设施所采用的标称电压应符合《标准电压》（GB/T 156—2017）的要求。

充换电设施的供电电压等级，应根据充电设备及辅助设备总容量，综合考虑需用系数及同时系数等因素，经过技术经济比较后再确定，充换电设施采用的供电电压等级见表 10-1。

表 10-1　　　　　　　　　充换电设施宜采用的供电电压等级

电 压 等 级	充电设备及辅助设备总容量	变压器总容量
220V	10kW 及以下单相设备	
380V	100kW 及以下设备	50kVA 及以下
10kV（20kV）		50kVA～10MVA
35kV		5～40MVA
110kV		20～100MVA

充换电设施供电负荷的计算中应根据单台充电机的充电功率和使用频率及设施中的充电机数量等,合理选取负荷同时系数。

10.2.2　用户等级

充换电设施的用户等级应满足《信息安全技术　可信计算规范　可信连接接架构》(GB/Z 29828—2013)的要求。具有重大政治、经济和安全意义的充换电设施,或中断供电将对公共交通造成较大影响或影响重要单位的正常工作的充电电站可作为二级重要用户,其他可作为一般用户。

10.2.3　接入点

220V供电的充电设备,宜接入低压公用配电箱;380V供电的充电设备,宜通过专用线路接入低压配电室。

接入10(20)kV电网的充换电设施,容量小于4000(8000)kVA宜接入公用电网10kV线路或接入环网柜、电缆分支箱及开关站等,容量大于4000(8000)kVA的充换电设施宜专线接入。

接入35kV、110(66)kV电网的充换电设施,可接入变电站和开关站的相应母线,或T接至公用电网线路。

10.2.4　供电距离

充换电设施接入电网后,其公共连接点及接入点的运行电压应满足《电能质量　供电电压偏差》(GB/T 12325—2008)的要求。充换电设施的供电距离应根据充换电设施的供电负荷和系统运行电压,经电压损失计算确定。

10.2.5　接线形式

采用35kV及以上电压等级供电的充换电设施,其接线形式应满足《35kV～110kV变电站设计规范》(GB 50059—2011)的要求。作为二级重要用户的充换电设施,高压侧宜采用桥形、单母线分段或线路变压器组接线,装设两台及以上主变压器,低压侧宜采用单母线分段接线。

采用10(20)kV及以下电压等级供电的充换电设施,其接线形式应满足《20kV及以下变电所设计规范》(GB 50053—2013)的要求。作为二级重要用户的充换电设施,进线侧宜采用单母线分段接线。

充换电设施供电变压器低压侧应根据需要留有1回～2回备用出线回路。

10.2.6　供电电源

充换电设施供电电源点应具备足够的供电能力,提供合格的电能质量,并确保电网安全运行。

属于二级重要用户的充换电设施宜采用双回路供电,应满足如下要求:①当任何一路电源发生故障时,另一路电源应能对保安负荷持续供电;②应配置自备应急电源,电源容量至少应满足全部保安负荷正常供电需求。

属于一般用户的充换电设施可采用单回线路供电,宜配置自备应急电源,电源容量应满足80%保安负荷正常供电需求。

接地方式专用充换电设施接入电网侧接地方式应和电网系统保持一致。

10.3　充换电设施接入方案

220V 充电设备宜接入低压配电箱；380V 充电设备宜接入低压线路或配电变压器的低压母线。容量小于 4000kVA 宜接入公用电网 10kV 线路或接入环网柜和电缆分支箱等；容量大于 4000kVA 的充换电设施宜专线接入。

10.3.1　充电设备

220/380V 接入：对于额定输入电压为 220V 的充电设备，宜接入低压配电箱；额定电压为 380V 的充电设备，宜接入低压线路或配电变压器的低压母线。接入低压网络的充电设备一般可以采用放射式结构或者树干式结构。放射式接入由变压器的低压侧引出多条独立线路，供给各个独立的充电设备。采用放射式结构接入系统，低压线路故障互不影响，供电可靠率较高，检修比较方便。这种方式比较适用于单台充电设备功率较大的情况，对于分布在变电所不同方向或排列不整齐的分散式充电桩，也可以采用这种方式。树干式接入则是将多个充电设备接到低压线路上，这类方式可用于排列整齐的用电设备，如停车场或居民区停车位的充电设备安装。

10.3.2　充换电站

10kV 单回路接入：充换电站接入电网，主要根据用户重要等级确定其接入方式。对于一般用户，当充换电站的总容量小于 4000kVA 时，可考虑接入公用电网、10kV 线路或接入环网柜和电缆分支箱等；当充换电站的容量大于 4000kVA 时，需进行技术经济比较，确定是否采用专线的方式接入。

专线接入是一种较为特殊的接入方式，这种方式要求一条 10kV 线路只对 1 个充换电站进行供电，对电力资源的占用较大，但便于管理与控制。公交车换电站和充电塔均可考虑采用专线方式接入。

10kV 双回路或双电源接入：双回路和双电源接入，一般是针对评估为二级重要的电力用户。双回路的接入主要是指由双回供电线路向同一充换电站供电的方式。双电源接入是指分别来自 2 个不同变电站，或来自不同电源进线的同一变电站内两段母线，为同一充换电站供电的两路供电电源。

11　规划成效分析

规划成效分析在配电网规划设计中具有重要的作用，它是规划方案确定、规划成果总结和电网发展理念落实的重要依据，其目的是从电网、企业和社会等多个角度考察配电网规划方案的前瞻性、科学性和经济性。结合现阶段配电网发展形势，规划成效分析应包括高弹性指数评价和共同富裕电力指数两大方面。

11.1　高弹性指数评价

利用高弹性配电网评价体系对规划方案实施后配电网承载力、自愈力、互动性和效能四个方面指数进行评价，分析配电网"四个能力"的提升情况，对比规划目标的满足程度。列表分析高弹性配电网评价指标，统计规划对配电网现状问题的解决以及效率效益的提升情况。配电网高弹性指标见表 11-1。

表 11-1　　　　　　　　　　　配电网高弹性指标

高　承　载	高　自　愈	高　效　能	高　互　动
接线标准化率	供电可靠率	线路利用率	分布式能源渗透率
线路重载率	线路"$N-1$"通过率	配变利用率	充电桩渗透率
配变重载率	线路分段合理率	间隔平均负载率	储能渗透率
综合电压合格率	智能开关标准覆盖率	综合线损率	负荷峰谷差率
主干线小截面比例	配电自动化自愈率	单位投资增供电量	配变智能终端覆盖率

11.2　配电网高弹性指标计算方法

11.2.1　高承载指标

1. 标准接线率

指标释义：中压线路接线模式符合导则要求的电缆单环网和双环网，架空多分段单联络和多分段适度联络。

计量单位：%。

计算方法：标准接线率（%）为区域内采用标准接线的公用线路条数（条）/公用线路总条数（条）。

2. 线路重载率

指标释义：线路重载是指线路最大负载率超过 80%，且持续时间达 1h 以上。

计量单位：％。

计算方法：线路重载率（％）为区域内重载公用线路条数（条）/公用线路总条数（条）。

3. 配变重载率

指标释义：配变重载是指配变最大负载率超过80％，且持续2h。

计量单位：％。

计算方法：配变重载率（％）为区域内重载公变数量（台）/公变总数量（台）。

4. 综合电压合格率

指标释义：用户实际运行电压偏差在限值范围内的累计运行时间与对应总运行统计时间的百分比。

计量单位：％。

计算方法：综合电压合格率和监测点电压合格率计算式为

$$V=0.5\times V_A+0.5\times(V_B+V_C+V_D)/3 \tag{11.1}$$

$$V_i=[1-(t_{up}-t_{low})/t]\times100\% \tag{11.2}$$

式中：V 为综合电压合格率；V_A 为 A 类监测点合格率；V_B 为 B 类监测点合格率；V_C 为 C 类监测点合格率；V_D 为 D 类监测点合格率；V_i 为监测点电压合格率；t_{up} 为电压超上限时间；t_{low} 为电压超下限时间；t 为总运行统计时间。

11.2.2 高自愈指标

1. 供电可靠率

指标释义：在统计期间内，对用户有效供电时间总小时数与统计期间小时数的比值，记作 R_S-1。

计量单位：％。

计算方法：供电可靠率（％）为统计期时间（h）减去每户用户平均停电时间（h）后与统计期间时间（h）比值的百分数。

2. 线路"N-1"通过率

指标释义：满足"N-1"的 10kV 线路条数占 10kV 公用线路总条数的比例。

计量单位：％。

计算方法：10kV 线路"N-1"通过率（％）为满足"N-1"的 10kV 线路条数（条）与 10kV 公用线路总条数（条）比值的百分数。

3. 线路分段合理率

指标释义：满足导则规定合理分段要求的线路条数占 10kV 公用线路总条数的比例。

计量单位：％。

计算方法：线路分段合理率（％）为合理分段要求的线路（条）与 10kV 公用线路总条数（条）比值的百分数。

4. 智能开关标准覆盖率

指标释义：采用智能开断设备的数量占总数量的比例。

计量单位：％。

计算方法：智能开关标准覆盖率（％）为采用智能开端设备（开关、环网室等）的数量/应配置智能开断设备的数量。

5. 配电自动化自愈率

指标释义：符合配电自动化典型配置，按要求接入配电自动化系统，可实现故障定位、隔离和非故障段的恢复送电。

计量单位：%。

计算方法：配电自动化自愈率（%）为具备自愈功能的公用线路条数（条）/公用线路总条数（条）。

11.2.3　高效能指标

1. 线路利用率

指标释义：中压公用线路一年中的综合利用效率。

计量单位：%。

计算方法：线路利用率（%）为公用线路年供电量（kWh）/[公用线路最大传输容量（kW）×8760(h)]。

2. 配变利用率

指标释义：公用配电变压器一年中的综合利用效率。

计量单位：%。

计算方法：配变年供电量（kWh）/[配变额定容量（kVA）×8760×$\cos\phi$]。

3. 间隔平均负载率

指标释义：变电站已利用出线间隔的负载情况。

计量单位：%。

计算方法：间隔平均负载率（%）为变电站已出线 10kV 间隔最大负载率平均值。

4. 综合线损率

指标释义：10kV 及以下配电网供电量与售电量之差占 10kV 及以下配电网供电量的比例。

计量单位：%。

计算方法：10kV 及以下综合线损率（%）为 10kV 及以下配电网供电量与售电量之差（kWh）与 10kV 及以下配电网供电量（kWh）比值的百分数。

5. 单位投资增供电量

指标释义：期末年供电量与期初年供电量之差与统计期内电网投资的比值。

计量单位：kWh/元。

计算方法：单位投资增供电量（kWh/元）为期末年供电量与期初年供电量（kWh）之差与统计期内电网投资（元）的比值。

11.2.4　高互动指标

1. 分布式能源渗透率

指标释义：分布式电源装机容量占区域年最大负荷的比例。

计量单位：%。

计算方法：分布式电源渗透率（%）为分布式电源装机容量（MW）与区域年最大负荷（MW）比值的百分数。

2. 充电桩渗透率

指标释义：充电桩容量占区域年最大负荷的比例。

计量单位：％。

计算方法：充电桩渗透率（％）为充电桩装机容量（MW）与区域年最大荷（MW）比值的百分数。

3. 储能渗透率

指标释义：储能容量占典型日区域最大负荷峰谷差值一半的比例。

计量单位：％。

计算方法：储能渗透率（％）为区域内储能配置容量（MW）/［典型日区域最大负荷峰谷差（MW）/2］。

4. 负荷峰谷差率

指标释义：反映典型负荷日区域峰谷差大小。

计量单位：％。

计算方法：负荷峰谷差率（％）为［典型日区域高峰负荷（MW）－典型日区域低谷负荷］（MW）/典型日区域高峰负荷（MW）。

5. 配变智能终端覆盖率

指标释义：反映公用配变智能终端安装规模。

计量单位：％。

计算方法：配变智能终端覆盖率（％）为安装配变智能终端的公用台区（个）/公用台区总规模（个）。

11.3   共同富裕电力指数评价

浙江省政府发布了《浙江高质量发展建设共同富裕示范区实施方案（2021—2025年）》（以下简称《实施方案》），打造新时代全面展示中国特色社会主义制度优越性的重要窗口。贫穷不是社会主义，均衡不是整齐划一，共同富裕的目标是使高质量发展成果更多更公平惠及全体人民，全体人民物质富裕、精神富有，民生福祉得到显著提升，实现人的全面发展，社会更加和谐。

电力作为一种重要生产要素，可以较好地反映地区经济运行和人民生活状况，电力数据是经济、社会和民生变化的风向标。共同富裕电力指数，可为共同富裕现状评估、目标制定和进度把控提供科学的量化依据。

高质量发展建设共同富裕示范区的核心在于"高质量发展""共同进步"和"达到富裕"三重内涵。结合2030年碳达峰2060年碳中和的低碳发展目标，"高质量发展"的关键在于效率效益和低碳发展，以破坏环境和损害长远的发展不是高质量发展；"共同进步"的关键在于均衡，但更多的是指人人拥有平等使用公共资源和勤劳走向富裕的权利，而非个人财富的整齐划一；"达到富裕"的关键在于人民生活水平的提升，贫穷不是社会主义，整体达到中等发达国家水平才算富裕。

根据共同富裕的三重内涵，对应构建"三维指数"进行表征，分别为绿色生态指数、均衡共享指数和优质富足指数。

绿色生态指数，用于表征"高质量发展"，衡量资源节约型、环境友好型和绿色低碳型社会的构建进度。细分领域包括绿色生产、绿色消费和碳排治理三个方面。

均衡共享指数，用于表征"共同进步"，衡量共建共享和均衡发展的橄榄型社会的构建进度。细分领域包括区域均衡、城乡均衡和人人均衡。

优质富足指数，用于表征"达到富裕"的程度，对标国际国内领先水平，衡量发展阶段和富裕程度。细分领域包括优质发展、优质服务和优质生活。共同富裕电力指数指标计算方法见表 11-2。

表 11-2 共同富裕电力指数指标计算方法

序号	指 标 名 称	指 标 计 算 方 法
1	人均全社会用电量	全社会用电量/常住人口
2	三产用电量比重	三产用电量/全社会用电量
3	电力消费景气指数	（当期用电量＋当期业扩净增容量＋单位容量每小时电量转换率×转换时间）/（去年同期用电量＋去年同期业扩净增容量＋单位容量每小时电量转换率×转换时间）×100%
4	县级电网双电源覆盖率	满足全部县级（含海岛县）有两座及以上 220kV 变电站/县级（含海岛县）总数
5	供电可靠率	平均用户有效供电时间与统计期时间之比
6	获得电力指数	获得电力指数=0.4×高压业扩报装服务时限达标率＋0.4×"三零"服务用户全过程时限达标率＋0.2×验收前合同签订率-核查偏差率
7	富裕用电指数	居民用电支出/消费支出
8	精神文明用电指数	科教文卫用电量/全社会用电量
9	人均居民生活用电量	居民生活用电量/常住人口
10	地区人均生活用电量倍差	前 5 个地市平均值/后 5 个地市人均生活用电量平均值
11	地区供电可靠率均衡系数	各地区供电可靠率的标准差
12	地区电力消费景气度均衡系数	地区电力景气度均衡系数为各地区电力景气度的标准差。电力消费景气度＝（当期用电量＋当期业扩净增容量＋单位容量每小时电量转换率×转换时间）/（去年同期用电量＋去年同期业扩净增容量＋单位容量每小时电量转换率×转换时间）×100%。
13	城乡人均生活用电量倍差	城乡人均生活用电量倍差＝城市人均生活用电量/乡村人均生活用电量（26 县为农村）
14	城乡供电可靠率均衡系数	浙江城乡之间城网、农网可靠率的标准差；供电可靠率＝用户有效供电时间/统计期间时间＝（1－用户平均停电时间/统计期间时间）×100%
15	城乡电力消费景气度均衡系数	城乡电力景气度均衡系数为各城乡电力景气度的标准差。电力消费景气度计算公式同"地区电力消费景气度均衡系数"
16	中等用电户数占比	中等用电量户数占比＝年用电量达到第二档的居民用户数/[有效居民用户数-空置户数（＜100）]
17	居民生活用电基尼系数	$$G_e = 1 - \sum_i (y_{i+1} + y_i)(x_{i+1} - x_i)$$ 式中：y_i 为 i 地区的人均生活用电量占全国农村生活用电总量的比重累积；x_i 为 i 地区常住人口（代表用电人口数）占全国农村地区人口的比重累积；i 和 $i+1$ 分别表示将各地区按人均生活用电量排序后相邻的两个地区

续表

序号	指 标 名 称	指 标 计 算 方 法
18	户均配变容量均衡系数	计算各区县户均配变容量的标准差
19	清洁能源装机占比	水、核、风、光等清洁能源发电装机与全口径发电装机之比
20	农村户用屋顶光伏安装比例	已安装户用光伏的屋顶装机容量/农村可装机容量
21	能源数字化进程	（供给侧可数字监控能源量占消费总量的比例＋消费侧可监控能源量占终端消费占比）/2
22	电能占终端能源消费比重	电能折算标煤/终端能源消耗折算标煤
23	电动汽车普及系数	电动汽车保有量/全部汽车总量
24	多能耦合指数	二次能源产出(折合成标煤)/一次能源输入量(折合成标煤)×100%
25	人均碳排放量	全社会碳排放总量/常住人口总量（吨碳排/每人）
26	电力碳排系数	全社会用电量折算碳排放/全社会用电量（吨碳排/万 kWh）
27	单位 GDP 碳排系数	全社会碳排放总量/GDP 总量（吨二氧化碳/万元）

12 规划方案技术经济分析

技术经济分析是指在评估周期内对规划项目各备选方案进行技术比较、经济分析和效果评价，其目的在于评估规划项目（新建、改扩建）在技术和经济上的可行性及合理性，为投资决策提供依据。技术经济分析需要确定供电可靠性和全寿命周期内投资费用的最佳组合，一般有两种不同的评估方式，一是在给定投资额度的条件下选择供电可靠性最高的方案；二是在给定供电可靠性目标的条件下选择投资最小的方案。

技术经济分析的评估方法主要包括最小费用评估法、成益/成本评估法以及收益增量/成本增量评估法。评估指标主要包括供电能力、转供能力、线损率、供电可靠性、设备投资费用、运行费用、检修维护费用和故障损失费用等。

技术经济分析的过程主要包括：对规划项目各备选方案的技术经济指标进行评估，根据指标对各备选方案进行比较和排序，寻求技术与经济的最佳结合点，确定技术先进与经济合理的最优方案。

12.1 技术经济评价的作用与内容

技术经济评价的作用：配电网规划设计方案应满足技术可靠和经济合理的要求，所以有必要对规划设计方案进行技术经济评价，通过对比备选方案的主要技术经济指标，确定最优方案，并分析方案投资对实施主体的影响，确定方案的经济可行性，为投资决策提供依据。开展技术经济评价时，应注意：

（1）配电网建设改造量大，除满足新增负荷的工程外，还有很多为配合市政建设而进行的迁改工程，以及承担普遍服务的边远贫困地区农网工程，此类工程增供电量较小，经济效益较差，决策时应兼顾各方面综合效益，不能仅考虑经济效益。

（2）经济评价时，应以企业为整体作为分析对象，通过计算评价期间规划方案实施前后公司收益率变化，可以分析配电网工程对公司经营部分的影响；通过计算负债率等指标变化，可以分析公司对配电网工程的承受能力。

（3）在对不同指标进行敏感性分析时，应充公考虑电网企业的特殊性，分析可靠性与经济性之间的相互关系。

技术经济评价的内容：结合配电网规划设计工作开展的实际情况，规划设计方案技术经济评价一般包括方案比选、财务评价及不确定性分析。

1. 方案比选

主要内容为根据配电网发展需要，拟定规划设计备选方案，根据确定的供电可靠性目标和全寿命周期内投资费用的最佳组合原则，对主要技术经济指标进行对比分析和综合比较，确定最优方案。配电网规划属于多目标规划，在给定投资额度的条件下，从供电能力、供电质量、供电可靠性及运行维护费用等多方面因素综合分析，选择最优方案。

2. 财务评价

一般包括单项工程的财务评价和规划设计方案的财务评价，单项工程的财务评价与工程项目的财务评价原理及方法相同。配电网规划设计方案投资高，而供电企业在保证安全供电的同时还应兼顾经济效益，有必要对配电网规划设计方案投资效益进行认真分析，根据企业的经营、财务状况及可承受能力来评估规划项目的可行性。对于不具备独立财务核算的企业，参考相关规定数据假设为独立企业进行财务评价。

3. 不确定性分析

一般包括盈亏平衡分析、灵敏度分析及概率分析。盈亏平衡分析是对于某一无法完全确定参数或原始数据，分析该参数的取值范围，以确定该参数在不同范围内时方案的经济可行性；灵敏度分析也称敏感性分析，是分析各相关因素变化时，影响方案评估结果的程度，以确定不同因素对方案经济性的灵敏度；概率分析也称风险分析，是一种用统计原理研究不确定性的方法，一般工程项目的财务评价都不做概率分析。

12.2　方案比选

方案比选是在各拟定备选方案实施后，分析配电网现存问题的解决程度以及配电网预期达到的各项技术经济指标，综合比较各方案，确定最佳方案的过程。

12.2.1　比选流程

为了在多个配电网规划设计备选方案中选定一个最优方案，在一定的投资额度基础上，需对各方案进行规划实施后的各评价指标进行对比分析，进行相应的定量计算，确定最符合配电网发展要求的规划设计方案。

12.2.2　主要评价指标

配电网规计设计方案的技术经济评价一般包括配电网供电质量、电网结构、装备水评、供电能力、智能化水平、电网效率和电网效益七个方面。

12.2.2.1　供电质量

供电质量评价主要由供电可靠性和电压质量两部分内容构成，配电网供电质量评价指标见表 12-1。

表 12-1　　　　　　　　　配电网供电质量评价指标

一级指标	二级指标	三级指标
供电质量	供电可靠性	用户年平均停电时间（可靠率）
		用户年平均停电次数
		故障停电时间占比
	电压质量	综合电压合格率
		"低电压"用户数占比

当采用用户年平均停电时间（可靠率）指标对配电网运行情况进行评价时，规划设计

阶段主要利用概率统计的数学方法进行预测，根据规划设计方案中网络结构完善提升转供能力、设备水平提升降低故障率以及配电自动化实施后减少停电时间等因素，对用户年平均停电时间（可靠率）指标进行预测。

12.2.2.2 电网结构

电网结构评价主要由高压配电网结构和中压配电网结构两部分构成，配电网电网结构评价指标见表 12-2。

表 12-2　　　　　　　　　　配电网电网结构评价指标

一 级 指 标	二 级 指 标	三 级 指 标
电网结构	高压配电网结构	单线或单变站占比
		标准化结构占比
		"N-1" 通过率
	中压配电网结构	中压配电线路平均供电半径
		中压架空配电线路平均分段数
		中压配电网标准化结构占比
		中压配电线路联络率
		中压配电线路站间联络率
		中压配电线路 "N-1" 通过率

高压配电网按电压等级 110(66)kV 和 35kV 分别计算，其中 "N-1" 通过率还需按照主变压器和线路分别计算。标准化结构占比用于反映规划方案采用的电网结构与该电网企业推荐标准的符合程度，侧重反映企业对配电网标准化的管理水平。

12.2.2.3 装备水平

装备水平评价主要由高压配电网设备标准化水平、高压配电网设备年限、中压配电网设备标准化水平、中压配电网设备年限和中压配电网设备概况五部分构成，配电网装备水平评价指标见表 12-3。

表 12-3　　　　　　　　　　配电网装备水平评价指标

一 级 指 标	二 级 指 标	三 级 指 标
装备水平	高压配电网设备标准化水平	线路标准化率
		主变压器标准化率
	高压配电网设备年限	在运设备平均投运年限
	中压配电网设备标准化水平	中压线路标准化率
		中压配电变压器标准化率
	中压配电网设备年限	中压在运设备平均投运年限
	中压配电网设备概况	中压线路电缆化率
		中压架空线路绝缘化率
		高损配电变压器占比
		非晶合金配电变压器占比

其中，高压配电网设备年限按电压等级 110(66)kV 和 35kV 分别计算。某一电压等级"在运设备投运年限"计算公式如下：

在运设备平均投运年限＝∑(当年每类在运设备的平均投运年限×所占的权重)

设备的平均投运年限按照 5～10 年、6～10 年、11～20 年、21～30 年、30 年以上 5 个区间段进行统计归类；对于高压配电网，各类设备的权重可按照主变压器权重为 0.4、线路为 0.3、断路器为 0.2 以及 GIS 内部断路器为 0.1 进行计算；对于中压配电网，各类设力求的权重按照中压线路权重为 0.4、配电变压器为 0.3、环网单元为 0.1、箱式变电站为 0.1、柱上变压器为 0.05 以及电缆分支箱为 0.05 进行计算。

"当年每类在运设备的平均投运年限"的计算方式如下

$$当年每类在运设备的平均投运年限 = \frac{\sum 当年该类在运设备的投运年限}{设备总数} \times 100\%$$

12.2.2.4 供电能力

供电能力评价主要由高压配电网供电能力和中压配电网供电能力两部分构成。配电网供电能力评价指标见表 12-4。

表 12-4　　　　　　　　　　　配电网供电能力评价指标

一级指标	二级指标	三 级 指 标
供电能力	高压配电网供电能力	高压变电容载比
		变电站可扩建主变压器容量占比
		变电站负载不均衡度
		高压线路最大负载率平均值
		高压线路负载不均衡度
		高压重载线路占比
		高压重载主变压器占比
		高压轻载线路占比
		高压轻载主变压器占比
	中压配电网供电能力	中压线路出线间隔利用率
		中压线路最大负载率平均值
		中压线路负载不均衡度
		中压重载线路占比
		中压轻载线路占比
		中村配电变压器最大负载率平均值
		中压配电变压器负载不均衡度
		中压重载配电变压器占比
		中压轻载配电变压器占比
		户均配电变压器容量

负载不均衡度用于反映某一电压等级某类元件的负载均衡情况，计算公式为

$$B_s = \frac{\sqrt{\dfrac{\sum\limits_{i=1}^{N}(L_{s-i} - \overline{L_s})}{N}}}{\overline{L_s}}$$

式中：B_s 为某一电压等级某类元件负载不均衡度；L_{s-i} 为该电压等级某类元件单一元件负载率；$\overline{L_s}$ 为该电压等级某类元件负载率平均值；N 为该电压等级某类元件数量。

12.2.2.5 智能化水平

智能化水平评价主要由变电站智能化水平、配电自动化水平、用户互动化水平和环境友好水平四部分构成。配电网智能化水平评价指标见表 12-5。

表 12-5 配电网智能化水平评价指标

一级指标	二级指标	三级指标
智能化水平	变电站智能化水平	110（66）kV 智能变电站占比
		35kV 变电站光纤覆盖率
	配电自动化水平	配电自动化有效覆盖率
		采用光纤通信方式的配电站点占比
	用户互动化水平	配电变压器信息采集率
		智能电表覆盖率
		可控负荷容量占比
	环境友好水平	分布式电源渗透率
		电动汽车充换电设施密度

智能化水平主要表现为新技术、新设备、多元化用户的覆盖应用情况。包括 110(66)kV 智能变电站、配电变压器信息采集、智能电表、负控装置、分布式电源、及充换电设施等。

12.2.2.6 电网效率

电网效率评价主要由高压配电网设备利用率、中压配电网设备利用率和电能损耗三部分构成，配电网电网效率评价指标见表 12-6。

表 12-6 配电网电网效率评价指标

一级指标	二级指标	三级指标
电网效率	高压配电网设备利用率	高压线路负载率平均值
		高压主变压器负载率平均值
	中压配电网设备利用率	中压线路负载率平均值
		中压配电变压器负载率平均值
	电能损耗	110kV 及以下综合线损率
		10kV 及以下综合线损率

表中的电能损耗对应的是电网企业的综合线损率，综合线损率分为统计线损率和理论

线损率。对于规划方案，由于线损电量无法直接测量，一般是根据理论线损计算方法预测目标电网的线损水平，针对性地制定降低配电网电能损耗的措施。

12.2.2.7　电网效益

电网效益评价主要由投资占比和投资效益两部分构成，配电网电网效益评价指标见表 12-7。

表 12-7　　　　　　　　　　　　配电网电网效益评价指标

一级指标	二级指标	三级指标
电网效益	投资占比	配电网投资占比
	投资效益	单位投资增供负荷
		单位投资增供电量

配电网的投资占比应按照配电网投资占电网企业各电压等级投资的比重计算，通过该指标能够反映资金分配情况，保持输电网和配电网的均衡发展。计算公式为

$$配电网投资占比 = \frac{110kV\ 及以下配电网总投资}{750kV\ 及以下电网总投资} \times 100\%$$

单位投资增供负荷用于反映规划期内配电网投资提升电网供电能力的效益水平，以规划期内出现的最大负荷作为电网的最大供电负荷。单位投资增售电量用于反映规划期内配电网投资提升企业供电收益的情况，以规划期内每年增供电量的算术和作为企业的增供电量。计算公式为

$$单位投资增供负荷 = \frac{期内出现年供电最大负荷 - 期初年供电最大负荷}{规划期内电网投资}$$

$$单位投资增供电量 = \frac{\sum_{i=1}^{n}(第\ i\ 年供电量 - 基准年供电量)}{规划期内电网投资}$$

电网投资应为公用网投资；当 $i=1$ 时，第 1 年供电量表示规划期内第一年的供电量。

12.2.3　方案比选方法

建设与运行成本指标。主要评价内容是对规划设计方案实施可能带来总投资及运行成本降低效果的分析，主要包括单位投资指标和方案实施后运行维护费用水平的预测，原始数据具备时，可计算规划设计方案的全寿命周周成本。

1. 投资指标

配电网的投资一般采用单位生产能力投资概略指标法来进行估算，包括线路和变电两个基本指标，其中

$$I_{line} = \frac{IN_{line}}{L_{line}}$$

$$I_{tran} = \frac{IN_{tran}}{S_{tran}}$$

式中：I_{line} 为单位线路投资指标，万元/km；IN_{line} 为线路总投资，万元；L_{line} 为线路总长度，km；I_{tran} 为单位变电投资指标，万元/kVA；IN_{tran} 为变电总投资，万元；S_{tran} 为变电总容量，kVA。

根据方案计算出的单位投资指标,可以和工程概预算定额或大量已实施工程项目的投资统计资料进行对比,以分析方案的经济性。

2. 运行费用指标

配电网的运行费主要包括电能损耗费、维护修理费和大修理费。

(1) 电能损耗费等于配电网电能损耗乘以计算单价。

(2) 维护修理费包括工作人员工资、管理费和小修费,该项一般以投资的百分数表示。

(3) 大修理费指用于恢复设力求原有基本功能而对其进行大修所支付的费用,该项一般也以投资的百分数表示。

评价时,规划设计人员应根据已有工程实施对运行费用降低的历史经验,对规划设计方案实施后的运行费用进行预测。

3. 全寿命周期成本 (Life Cycle Cost,LCC)

全寿命周期成本是指全面考虑评价对象在规划、设计、施工、运营维护和残值回收的整个寿命周期全过程的费用总和,其目的就是在多个可替代方案中,选定一个全寿命周期内成本最小的方案。传统的配电网规划项目仅注重工程的建设过程,重点控制项目建设阶段的造价,而弱化了项目未来的运行成本、可靠性及报废成本等,不能实现综合比较。

全寿命周期成本,包括投资成本、运行成本、检修维护成本、故障成本及退役处置成本等。总费用现值计算模型为

$$LCC = \sum_{n=0}^{N} \frac{CI(n) + CO(n) + CM(n) + CF(n)}{(1+i)^n} + \frac{CD(N)}{(1+i)^N}$$

式中:LCC 为总费用现值,万元;N 为评估年限,与设备寿命周期相对应;i 为贴现率;$CI(n)$ 为第 n 年的投资成本,主要包括设备的购置费、安装调试费和其他费用,万元;$CO(n)$ 为第 n 年的运行成本,主要包括设备能耗费、日常巡视检查费和环保费用,万元;$CM(n)$ 为第 n 年的检修维护成本,主要包括周期性解体检修费用和周期性检修维护费用,万元;$CF(n)$ 为第 n 年的故障损失成本,包括故障检修费用与故障损失成本,万元;$CD(N)$ 为第 N 年(期末)的退役处置成本,包括设备退役时的残值,万元。

其中,故障损失成本的计算模型为

$$CF = C_{F-per} W_F$$

式中:CF 为故障损失成本,万元;C_{F-per} 为单位电量停电损失成本,万元/kWh;W_F 为缺供电量,kWh。

其中,单位电量停电损失成本包括售电损失费、设备性能及寿命损失费及间接损失费,可根据历史数据统计得出,将其固定下来,作为今后预测时的依据。

12.3 财务评价

财务评价 (financial evaluation),在国家现行财税制度和价格体系的前提下,从规划方案的角度出发,计算规划方案范围内的财务效益和费用,分析规划方案的盈利能力和清偿能力,评价方案在财务上的可行性。

12.3.1 财务评价的特点

财务评价以企业为评价对象。配电网规划设计方案评价通常评价规划设计方案的总规模，不以单个项目为对象，一般电网建设投资规模在基层供电企业投资中占较大比例，对基层供电企业经营及财务状况影响很大。同时，规划设计方案既包括新建工程，又包括扩建与改造工程等，其效益的发挥，除考虑规划的增量资产，还要考虑与其相关的存量资产，所以评价时不应只限于工程本身，而应在评价期间（经营期）内把企业整体作为一个评价对象来考虑。配电网规划设计方案具有以下特点：

（1）既包括新建工程，又包括扩建与改造工程等。

（2）配电网规划项目不仅提高了供电能力，增加了销售电量，具有直接经济效益，而且使危旧设备得到更新改造，降低了网络损耗，提高了供电可靠性和供电质量。作为公共事业型企业的普遍服务投资行为，具有多方面间接经济效益和社会效益。

（3）由于大量的改、扩建项目中利用原有资产取得了存量效益，配电网工程的电量增长不能简单地按新增的供电能力计算。

因此配电网规划设计方案财务评价与单独的新建工程评价是有区别的，在进行效益费用识别时，不但要考虑新建工程及改造工程（增量）本身，还必须考虑已运行工程（存量）及总体效益。

12.3.2 财务评价指标

财务评价主要包括盈利能力分析和偿债能力分析。盈利能力分析的主要指标包括财务内部收益率（Financial Rate of Return，FIRR）、财务净现值（Financial Net Present Value，FNPV）、项目投资回收期、总投资收益率（Return on Investment，ROI）和项目资本金净利润率（Return on Equity，ROE）。偿债能力分析的主要指标包括偿债备付率（Debt Service Coverage Ratio，DSCR）、资产负债率（Loan of Asset Ratio，LOAR）、流动比率和速动比率。

1. 财务净现值

拟建项目按部门或行业的基准收益率或设定的折现率，将计算期内各年的净现金流量折现到建设起点年份（基准年）的现值累计数。计算公式为

$$FNPV = \sum_{i=1}^{n} \left[(C_1 - C_o)_t (1 + i_c)^{-i} \right]$$

式中：C_1 为现金流入，万元；C_o 为现金流出，万元；$(C_1 - C_o)_t$ 为第 t 年的净现金流量，万元；i_c 为基准收益率；n 为计算年限。

使用财务净现值评价时，要求方案预测的财务净现值为正。

2. 内部收益率

内部收益率是指项目在整个计算期内净现值等于零时的折现率。它的经济含义是在项目终了时，保证所有投资被完全收回的折现率，代表了项目占用资金预期可获得的收益率，可以用来衡量投资的回报水平。计算公式为

$$\sum_{i=1}^{n} \left[(C_1 - C_o)_t (1 + i)^{-t} \right] = 0$$

式中：i 为内部收益率；C_1 为现金流入量，万元；C_o 为现金流出量，万元；$(C_1 - C_o)_t$ 为第 t 年的净现金流量，万元；n 为计算年限。

内部收益率采用试差法求得。

使用内部收益率评价时，要求方案的内部收益率均应大于行业投资基准收益率或投资方预期的收益率。

3. 投资回收期

投资回收期是指项目以净收益抵偿全部投资所需的时间，是反映投资回收能力的重要指标。动态投资回收期以年表示，计算公式为

动态投资回收期＝（累计折现值开始出现正值的年数－1）＋上年累计折现值的绝对值/当年净现金流量的折现值

在项目财务评价中，动态投资回收期越小说明项目投资回收的能力越强，评价时，投资回收期应低于基准回收期或投资预期的回收期。

4. 资产负债率

资产负债率指各期末负债总额（Total Loan，TL）与资产总额（Total Asset，TA）的比率，是反映项目各年所面临的财务风险程度及综合偿债能力公式为

$$LOAR = \frac{TL}{TA} \times 100\%$$

式中：TL 为期末负债总额，万元；TA 为期末资产总额，万元。

5. 评价参数

根据《建设项目经济评价方法与参数（第三版）》，假定投资项目运营期为 25 年（含建设周期），电网行业息税前财务基准收益率通常取 7.0%，也可根据项目特性选择合适的基准收益率。

12.4　不确定性分析

配电网规划设计方案评价时，不确定性分析的主要内容包括盈亏平衡分析和敏感性分析。

12.4.1　盈亏平衡分析

1. 计算方法

盈亏平衡分析是通过盈亏平衡点（Break Even Point，BEP）分析项目成本与收益的平衡关系的一种方法。根据项目正常生产年份的销售收入、固定成本、可变成本和税金等数据，计算盈亏平衡点，分析研究项目成本与收入的平衡关系。盈亏平衡点通常用生产能力利用率或者产量表示，计算公式为

$$BEP_c = \frac{C_F}{P_a - C_a - T_u} \times 100\%$$

$$BEP_p = \frac{C_F}{P_p - C_u - T_u} \times 100\%$$

式中：BEP_c 为以生产能力利用率计算的盈亏平衡点；C_F 为年固定成本，万元；P_a 为年销售收入，万元；C_a 为年可变成本，万元；T_u 为年税金及附加，万元；BEP_p 为以产量计算的盈亏平衡点；P_p 为单位产品销售价格，万元；C_u 为单位产品可变成本，万元。

两者之间的换算关系为

$$BEP_c = BEP_p \times PD$$

式中：PD 为设计生产能力。

当项目收入等于总成本费用时，正好盈亏平衡，盈亏平衡点越低，表示项目适应产品变化的能力越大，抗风险能力越强。

2. 分析因素

对于配电网规划评价时，盈亏平衡分析的因素主要包括供电量、售电价和资金成本。

3. 应用实例

某新建 110kV 项目，设计规模为 2 台 50MVA 主变压器，可研阶段投资估算为 7000 万元（静态）。售电平均单价为 430 元/MVA，购电单价为 340 元/MVA，试进行盈亏平衡分析。

根据盈亏平衡分析计算 BEP 指标为

$$BEP = \frac{7000 \times 10^7}{430 - 340} = 7.78 \times 10^8 (\text{kWh})$$

售电量达到 7.78 亿 kWh，该项目盈亏平衡。

12.4.2　敏感性分析

敏感性分析指分析不确定因素变化对财务指标的影响，找出敏感因素。评价时可进行单因素和多因素变化对财务指标的影响进行分析。

1. 计算方法

敏感度系数指项目评价指标变化率与不确定性因素变化率之比，其计算公式为

$$S_{AF} = \frac{\Delta A/A}{\Delta F/F}$$

式中：$\Delta F/F$ 为不确定性因素 F 变化率；$\Delta A/A$ 为不确定性因素 F 发生 ΔF 变化时，评价指标 A 的相应变化率。

其中，变化率参考值为 ±20%、±15%、±10%、±5%。

敏感性分析临界点指单一的不确定因素的变化使项目由可行变为不可行的临界数值，可采用不确定因素对基本方案的变化率或其对应的具体数值表示。

2. 敏感因素

根据配电网规划项目特点，不确定因素主要包括建设投资、增售电量和购售电价差等参数，以及供电可靠性和容载比等规划目标。其中：

(1) 当给定内部收益率测算电价时，敏感性分析主要指建设投资、增售电量等不确定因素变化对销售电价差的影响，找出敏感因素，并列出不同比例变化值的结果进行比较。结论一般列表表示。

(2) 当给定期望的电价测算财务内部收益率时，敏感性分析主要指建设投资、增售电量、购售电价差、规划目标等不确定因素或约束性指标变化对内部收益率的影响，找出敏感因素，并列出不同比例变化值的结果进行比较。

附录 A　35～110kV 配电网结构示意图

A.1　辐射式

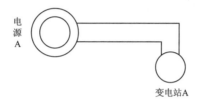

图 A.1　双辐射

A.2　环网（环型结构，开环运行）

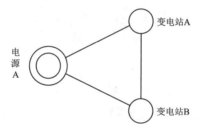

图 A.2　单环网

A.3　链式

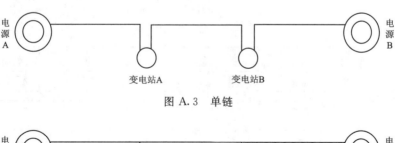

图 A.3　单链

图 A.4　双链 1（T 接）

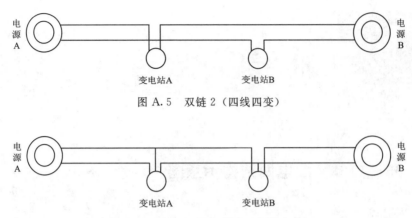

图 A.5 双链 2（四线四变）

图 A.6 双链 3（T/π 混合，四线六变）

附录 B 10kV 配电网结构示意图

B.1 电缆网

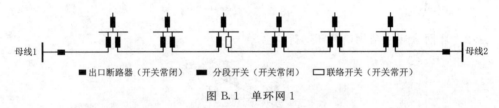

图 B.1 单环网 1

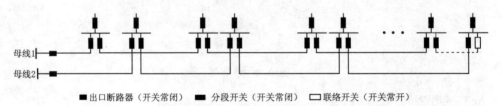

图 B.2 单环网 2（自环）

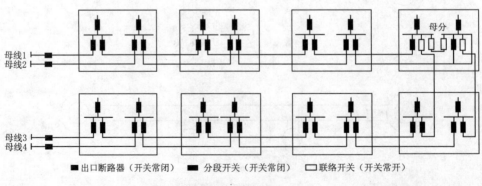

图 B.3 双环网

B.2　架空网

图 B.4　单辐射

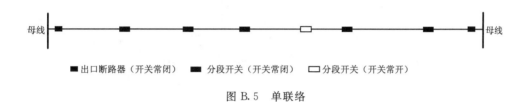

图 B.5　单联络

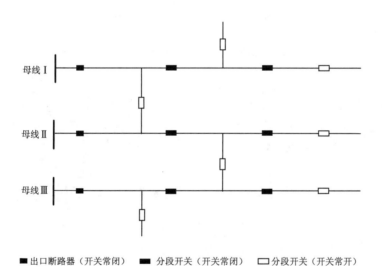

图 B.6　多分段适度联络

B.3　高弹性配电网未来形态结构

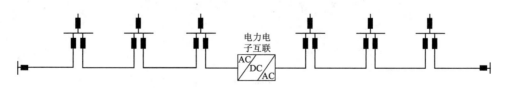

图 B.7　单环网加装 SOP 软开关（合环运行）

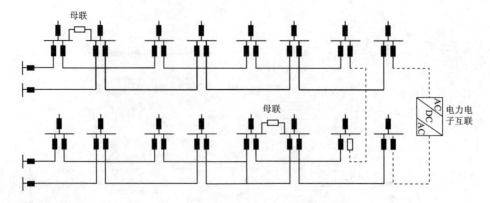

图 B.8 双环网加装 SOP 软开关（合环运行）

图 B.9 架空网加装 SOP 软开关（合环运行）

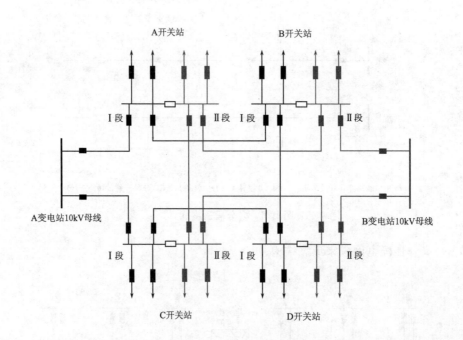

图 B.10 "双花瓣"式接线

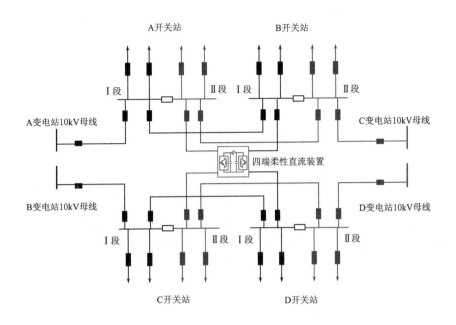

图 B.11　基于能源路由装置的合环加强型"双花瓣"式接线

附录 C　220/380V 低压中性点接地及保护配置示意图

C.1　TN-C-S 供电系统

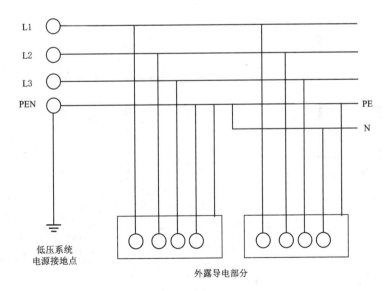

图 C.1　TN-C-S 供电系统

C.2 TN-S供电系统

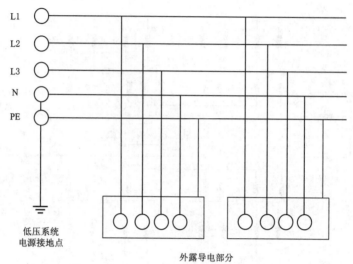

图 C.2 TN-S供电系统

附录 D 220/380V 配电网结构示意图

D.1 放射 I 型供电模式

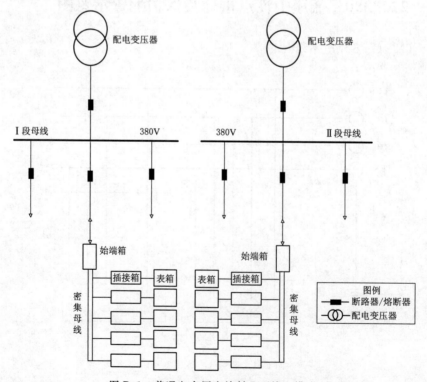

图 D.1 普通电力用户放射 I 型接入模式

D.2　放射 Ⅱ 型供电模式

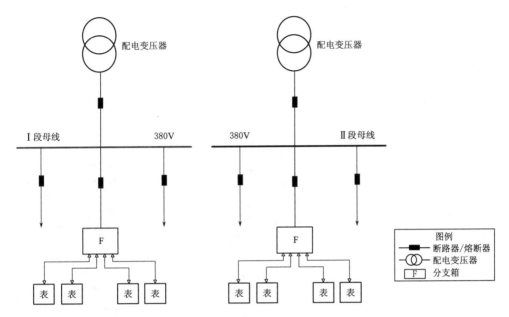

图 D.2　普通电力用户放射 Ⅱ 型接入模式

D.3　放射 Ⅳ 型供电模式

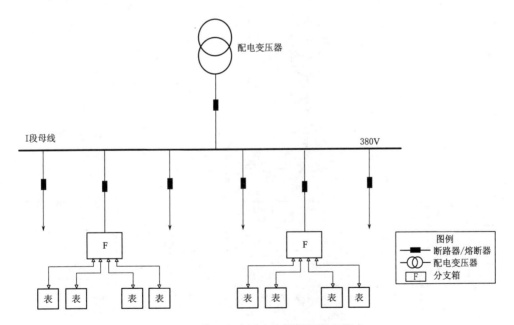

图 D.3　普通电力用户放射 Ⅳ 型接入模式

D.4 树干Ⅰ型接入

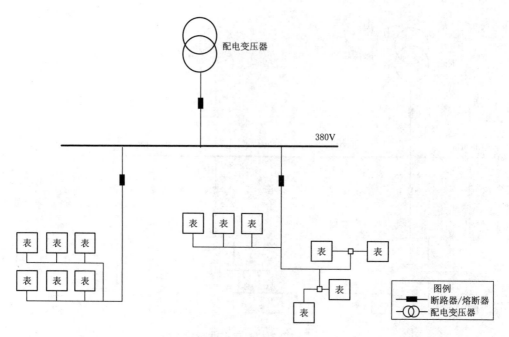

图 D.4 普通电力用户树干Ⅰ型接入模式

D.5 树干Ⅱ型接入

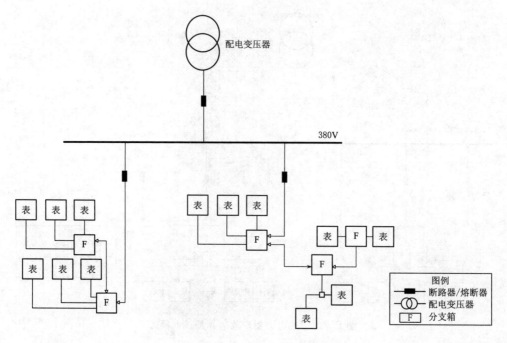

图 D.5 普通电力用户树干Ⅱ型接入模式

D. 6 树干Ⅲ型接入

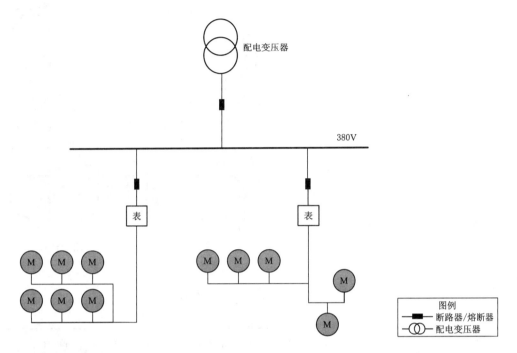

图 D.6 普通电力用户树干Ⅲ型接入模式

附录 E 10kV 电缆排管敷设方案图

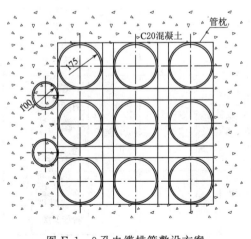

图 E.1 9孔电缆排管敷设方案

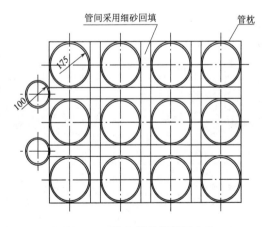

图 E.2 12孔电缆排管敷设方案

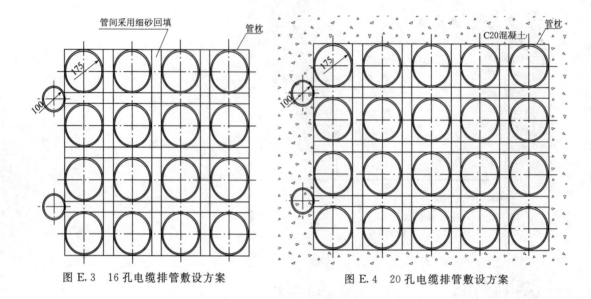

图 E.3　16孔电缆排管敷设方案　　　　图 E.4　20孔电缆排管敷设方案

附录 F　各供电区域配电网建设基本参考标准

供电类型	供电区域	电压序列	变电站型式	高压电网结构	中压电网结构	低压电网结构	低压电网接地系统	电缆廊道预留	配电自动化系统	通信方式
能源输入型	城市区域	220/110/10/0.38kV	全户内	链式	双环网	放射Ⅰ、Ⅱ、Ⅳ	TN-C-S/TN-S	主干道16~20孔，支路9~12孔	三遥	光纤
	省级及以上工业园区	220/110/35/10/0.38kV	半户内	链式/环网	架空多分段适度联络	放射Ⅰ、Ⅱ、Ⅳ	TN-C-S/TN-S	主干道12~16孔	二遥为主，关键联络点可配置三遥	
能源自平衡型	城镇区域	220/110/10/0.38kV	半户内	链式/环网	单环网/架空多分段适度联络	放射Ⅰ、Ⅱ、Ⅳ	TN-C-S/TN-S	主干道12~16孔，支路6孔	县城三遥，关键联络点三遥，其余二遥为主	
能源输出型	农村区域	220/110/35/10/0.38kV	半户内/户外	辐射	架空单联络	树干Ⅰ、Ⅲ	TN-C/TN-S	—	配置在线监测和智能开关	无线

附录 G　全电压等级的多元融合高弹性配电网典型接线

G.1　典型接线示意图（城市）

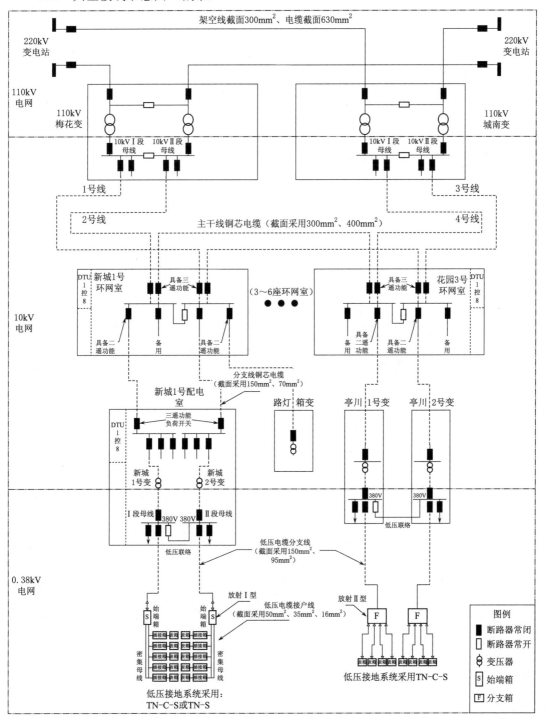

图例说明：该图为城市供电区域的全电压规划典型接线示意图，是能源输入型网格的典型代表。其中：

（1）110kV 电网部分：网架结构为典型的双链结构，每个 110kV 变电站均来自两个不同的 220kV 电源；电气主接线为内桥接线，远景为内桥＋线变组接线；线路导线截面架空选用 300mm² 截面，对应电缆选用 630mm² 截面；主变容量选用 50MVA，每台主变10kV 出线 12 回。

（2）10kV 电网部分：网架结构为双环网结构，分别从两个不同 110kV 变电站的两段母线出 4 回线，形成双环网结构；采用户内环网室的形式环进环出，主环内设 3～6 座环网室，环网室设置母分开关；主干导线采用 300mm²、400mm² 截面电缆，分支采用 150mm²、70mm² 截面电缆；采用对于双电源用户如新城 1 号配电室从环网室的不同母线引 2 回线进行供电，对于普通用户如路灯箱变，则从任一段母线引 1 回线供电。

（3）0.38kV 电网部分：网架结构为放射Ⅰ型结构（新城 1 号）或放射Ⅱ型结构（亭川公变），低压母线可采用母分进行联络；低压接地系统采用 TN－C－S 系统，低压电缆分支线采用 150mm²、95mm² 截面，低压电缆接户线采用 50mm²、35mm²、16mm²截面。

（4）配电自动化部分：新城 1 号环网室环进环出间隔采用三遥，出线间隔采用二遥，配置 1 控 8DTU2 台，采用光纤通信方式。

G.2　典型接线示意图（城镇）

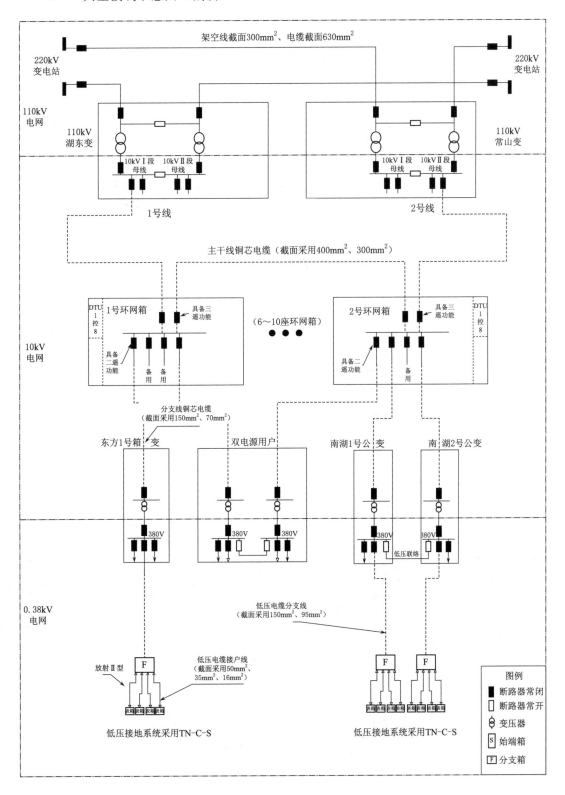

图例说明：该图为城镇供电区域的全电压规划典型接线示意图，是能源自平衡型网格的典型代表。其中：

（1）110kV 电网部分：网架结构为典型的双链结构，每个 110kV 变电站均来自两个不同的 220kV 电源；电气主接线为内桥接线，远景为内桥＋线变组接线；线路导线截面架空选用 300mm² 截面，对应电缆选用 630mm² 截面；主变容量选用 50MVA，每台主变 10kV 出线 12 回。

（2）10kV 电网部分：网架结构为单环网结构，分别从两个不同 110kV 变电站的两段母线出 2 回线，形成单环网结构；采用户外环网箱的形式环进环出，主环内设 6～10 座环网箱，一般要求成对布置，环网箱为单母接线，2 进 4 出或 6 出，环进环出采用负荷开关，馈线采用断路器；主干导线采用 300mm²、400mm² 截面电缆，分支采用 150mm²、70mm² 截面电缆；对于双电源用户可从 2 个环网箱的不同母线引 2 回线进行供电，对于普通用户如路灯箱变，则从任 1 环网箱引 1 回线供电。

（3）0.38kV 电网部分：网架结构为放射Ⅱ型结构（1 号、2 号公变），小区内低压母线可采用母分进行联络；低压接地系统采用 TN－C－S 系统，低压电缆分支线采用 150mm²、95mm² 截面，低压电缆接户线采用 50mm²、35mm²、16mm² 截面。

（4）配电自动化部分：环网箱环进环出间隔采用三遥，出线间隔采用二遥，配置 1 控 8DTU 1 台，采用光纤通信方式。

G.3　典型接线示意图（省级及以上工业园区）

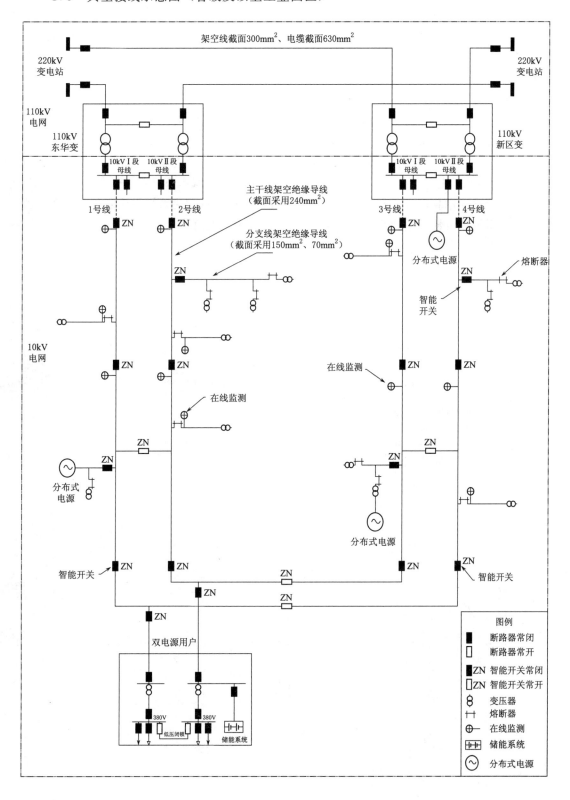

　　图例说明：该图为省级及以上工业园区供电区域的全电压规划典型接线示意图，属于能源输入型网格的典型代表。其中：

　　（1）110kV 电网部分：网架结构为典型的双链结构，每个 110kV 变电站均来自两个不同的 220kV 电源；电气主接线为内桥接线，远景为内桥＋线变组接线；线路导线截面架空选用 300mm² 截面，对应电缆选用 630mm² 截面；主变容量选用 50MVA，每台主变 10kV 出线 12 回。

　　（2）10kV 电网部分：网架结构为架空多分段适度联络结构；主干导线采用 240mm² 截面绝缘导线，分支采用 150mm²、70mm² 绝缘导线；对于双电源用户可从 2 回主干线引 2 回线进行供电，对于普通用户，则从架空主干线引 1 回分支线供电。

　　（3）0.38kV 电网部分：园区内的住宅及商业低压参照城市部分。

　　（4）配电自动化部分：省级（及以上）工业园区配电自动化系统终端以二遥为主，联络开关和重要的分段开关可配置三遥，通信方式宜采用光纤，具有故障自动定位和隔离功能。

G.4　典型接线示意图（农村）

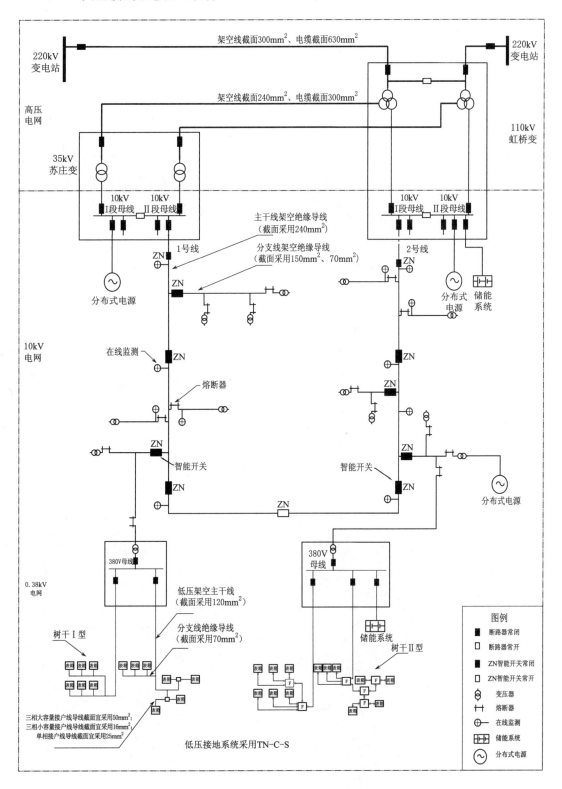

　　图例说明：该图为农村供电区域的全电压规划典型接线示意图，是能源输出型网格的典型代表。其中：

　　(1) 110kV 电网部分：网架结构为典型的双链结构，110kV 变电站电源来自两个不同的 220kV 电源；电气主接线为内桥接线，远景为内桥＋线变组接线；线路导线截面架空选用 300mm² 截面，对应电缆选用 630mm² 截面；主变容量选用 50MVA，每台主变 10kV 出线 12 回。

　　(2) 35kV 电网部分：网架结构为双辐射结构；电气主接线为单母分段接线；线路导线截面架空选用 240mm² 截面，对应电缆选用 300mm² 截面；主变容量按实际情况选取。

　　(3) 10kV 电网部分：网架结构为架空多分段单联络结构；主干导线采用 240mm² 截面绝缘导线，分支采用 150mm²、70mm² 绝缘导线；10kV 架空线路分段和联络的柱上开关宜采用智能开关，分段数一般为 3～5 段，每段装机容量为 2400～1920kVA。分支线的配变数量大于 3 台或分支线电杆数量大于 10 杆的分支线，在分支线 1 号杆安装智能开关，配电变压器的进线装设熔丝具。

　　(4) 0.38kV 电网部分：农村低压结构以树干Ⅰ型/Ⅲ型为主，低压接地系统以 TN－S 为主，低压架空主干线采用 120mm² 截面。分支线采用 70mm² 截面，低压接户线采用 500mm²、350mm²、250mm²、16mm² 截面。

　　(5) 配电自动化部分：农村配电自动化系统终端以在线监测和智能开关为主，通信方式宜采用无线。

附录 H 电力用户典型接线示意图

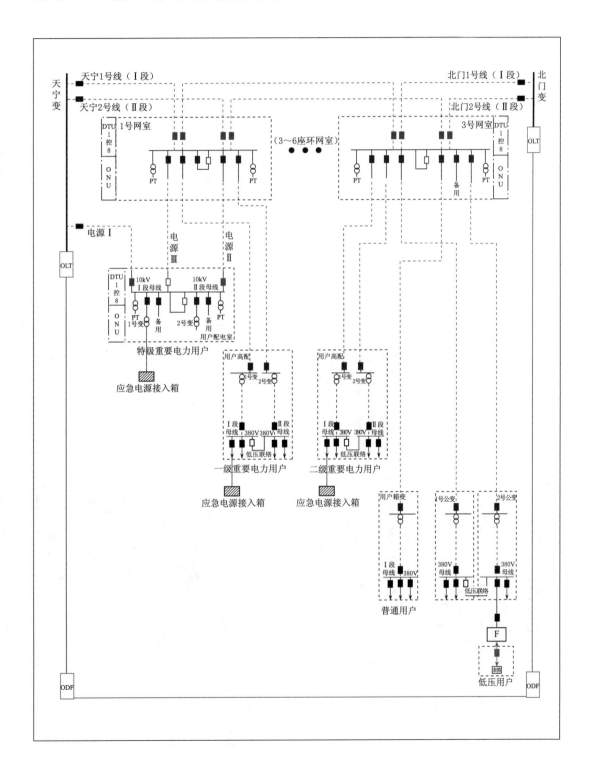

附录 I　用户全电压接入手册

I.1　用户全电压接入手册——用户供电方案

负荷分类	二级分类	主要用户类型	报装容量 /kVA	接入电压等级	接入方式	用户供电方案			备注
						电缆	架空		
一般工业用户	工业用户	小型加工、制造等	50~3000	10 kV	T接	单电源用户：就近接入户外环网箱、户内环网室 双电源用户：可从 a. 环网室两段母线；b. 不同电源的环网箱、环网室；c. 不同电源的两个环网箱接电	单电源用户：通过分支线T接至架空线路公共连接点 双电源用户：从两个不同电源架空线路接电		(1) 环网箱累计接入不超3000kVA。 (2) 架空大于80kVA时应配智能开关，并配足带电作业要求。 (3) 架空不应超分支线不应超过2级分支
工业用户	小工业用户	机械、电子、制造等	3000~8000	10kV	T接	单电源用户：就近接入附近环网室 双电源用户：从附近环网室两段母线接电	单电源用户：通过分支线T接至架空线路公共连接点 双电源用户：从两个不同电源架空线路接电		(1) 报装超过3000kVA的用户应新建用户环网室入主干网。 (2) 架空分支线应配置智能开关

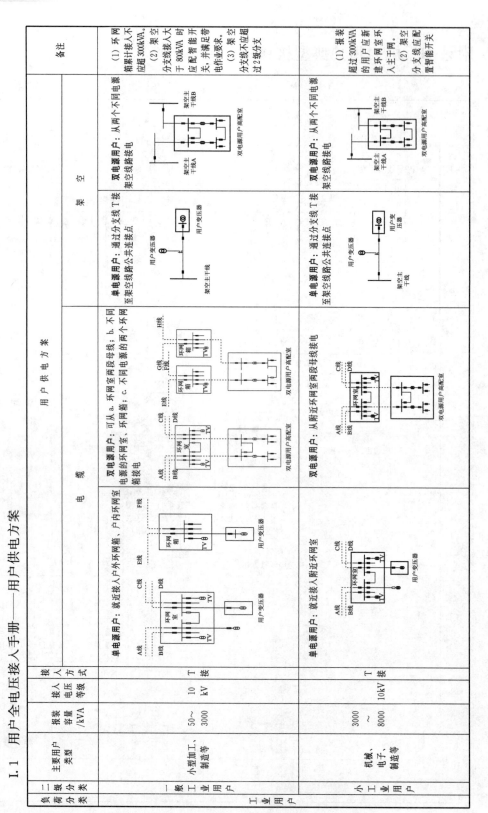

续表

负荷分类	二级分类	主要用户类型	报装容量/kVA	接入电压等级	接入方式	用户供电方案 电缆	用户供电方案 架空	备注
	小工业用户	机械、电子、制造等	8000~15000	10/35kV	专线	1回或多回专线接入变电所10/35kV间隔（用户配电室、用户变）	1回或多回专线接入变电所10/35kV间隔（用户配电室、用户变）	（1）多回接入10kV时，同一间隔使用原则上不超过2个。（2）无35kV电压等级的，10kV受电变压器总容量为80kVA至15MVA
	大工业用户	大型制造、纸业、化工、材料等	15000~40000	35kV	专线	1回或多回专线接入变电所35kV间隔（用户变）	1回或多回专线接入变电所35kV间隔（用户变）	
			40000~100000	110kV	T接/专线	1回或多回线路接入变电所110kV间隔（用户变）	1回或多回线路接入变电所110kV间隔（用户变）	具体方案以接入系统论证后的接入方案为准
			100000以上	220kV	T接/专线	1回或多回线路接入变电所220kV间隔	1回或多回线路接入变电所220kV间隔	—

续表

负荷分类		主要用户类型	报装容量/kVA	接入电压等级	接入方式	用户供电方案		备注
一级分类	二级分类					电缆	架空	
商业用户	普通商业用户	小型商超、饭店、文娱、公建等	160以下无高配	220/380V	T接	电缆分支箱/配变低压母线接入	配变低压侧架空接入（树干I、III型）	按网格划分、就近接入
		中大型商超、学校、公建、文娱、酒店、医院等	50～3000	10kV	T接	单电源用户：就近接入户外环网箱、户内环网室；双电源用户：可从 a. 环网室两段母线；b. 不同环网箱；c. 不同电源的两个小环网箱接电	—	按网格划分、就近接入

续表

负荷分类	二级分类	主要用户类型	报装容量/kVA	接入电压等级	接入方式	用户供电方案 电缆	用户供电方案 架空	备注
商业用户	大型商业用户	大型综合体、酒店、金融中心、中高写字楼、中心医院、大型公建（书城、奥体中心、艺术中心、市民中心等）	3000～12000	10kV	T接	双电源用户可从环网室两段网室母线接电 	—	（1）报装超过3000kVA的用户应新建环网室接入主干网。 （2）按网格划分供电，不允许跨网格供电
			大于12000	10kV	专线	1回或多回专线接入变电所10kV间隔或开关站供电 		
充电设施		慢充充电桩	10辆以下单桩设备	220V	T接	配变低压母线/电缆分支箱/低压配电箱（放射IV型） 	配变低压侧架空接入（树干、III型） 	
			100辆以下	380V				

续表

负荷分类	二级分类	主要用户类型	报装容量/kVA	接入电压等级	接入方式	用户供电方案 电缆	用户供电方案 架空	备注
商业用户	充电设备	快充/充电站	100~3000	10kV	T接	单电源用户：就近接入户外环网箱、户内环网室（A线、B线、环网室PT、C线、D线、E线、F线、环网箱PT、用户变压器）；双电源用户：可从 a. 环网室两段母线；b. 不同电源的环网箱；c. 不同环网箱接电（G线、H线、环网箱PT、双电源用户商配室）	单电源用户：通过分支线T接至架空线路公共连接点（架空主干线、用户变压器）；双电源用户：从两个不同电源架空线路跨接接电（架空主干线A、架空主干线B、双电源用户商配室）	
	充换电站		3000以上	10kV	T接/专线	宜从变电站新出10kV电缆专线接入（充换电站）	宜从变电站新出10kV架空专线接入（充换电站）	—
中小型住宅区	小区	多层、别墅	小于12000	10kV	T接	单电源小区：就近接入户外环网箱、户内环网室（A线、B线、环网室PT、C线、D线、E线、F线、环网箱PT、用户变压器）；双电源小区：可从 a. 环网室两段母线；b. 不同电源的环网箱；c. 不同电源的两个不同环网箱接电（G线、H线、环网箱PT、双电源用户商配室）		

续表

负荷分类 一级分类	二级分类	主要用户类型	报装容量/kVA	接入电压等级	接入方式	用户供电方案 电缆	用户供电方案 架空	备注
住宅小区	大型高层住宅区	高层、超高层大型社区	12000～20000	10kV	根据负荷情况确定是否采用专线	双电源用户：可从环网室两段母线接电	—	(1) 建面5万㎡及以上需配套新建开关站，开关站需设母联；(2) 每10万㎡需设一座开关站；(3) 100万㎡以上的需设110kV变电站
			大于等于20000	10kV	专线	宜从变电站/开关站新出10kV电缆专线接入	—	

续表

负荷分类	二级分类	主要用户类型	报装容量/kVA	接入电压等级	接入方式	用户供电方案 电缆	用户供电方案 架空	备注
农业用户		一般动力用户、农泵、民宿、炒茶等	160以下	220/380V	T接	—	配变低压侧架空接入(树干Ⅰ、Ⅲ型); [图：380V 配电变压器，断路器/熔断器、配电变压器 图例]	(1)架空线段数一般为3~5段,每段挂接2400~1920kVA。(2)分支配变量大于3台或分支线量大于10杆,在分支线1号杆安装智能开关。(3)分支级数一般不超2级。
农业用户		大型灌溉、小型加工厂、小作坊等	1000以下	10kV	T接	—	[图：380V 配电变压器，断路器/熔断器、配电变压器 图例；用户变压器；架空主干线]	
临时用电/应急用电		基建施工、市政建设、抗旱打井、防汛排涝、应急抢险救灾、集会演出等	按需					移动发电车、移动储能等

Ⅰ.2 用户全电压接入手册——受电侧接线方式

负荷分类	二级分类	主要用户类型	报装容量/kVA	接入电压等级	接入方式	受电侧接线方式	备 注
工业用户	一般工业用户	小型加工、制造等	50~3000	10kV	T接	单电源用户：单母或线变组；双电源用户：单母分段或线变组	(1) 含一级负荷的工业用户，应采用双电源供电，采用单母分段接线，装设两台及以上变压器，同时配置自备电源。 (2) 含二级负荷的工业用户，应采用双回路供电，宜采用单母分段或线变组接线。 (3) 普通单电源工业用户，宜采用单母或线变组接线。 (4) 双电源用户低压侧可配置备自投以满足电源切换需求
	小工业用户	机械、电子、制造等	3000~8000	10kV	T接		
			8000~15000	10kV/35kV	专线		
	大工业用户	大型制造、纸业、化工、材料等	15000~40000	35kV	专线		大用户侧接线方式按实际需求进行论证配置

续表

负荷分类	二级分类	主要用户类型	报装容量/kVA	接入电压等级	接入方式	受电侧接线方式	备注
工业用户	大工业用户	大型制造、纸业、化工、材料等	40000～100000	110kV	T接/专线		
			100000以上	220kV		—	—
商业用户	普通商业用户	小型商超、饭店、文娱、公建等	160以下无高配	220/380V	T接		单相进线的用户应采用单相双极断路器开关；三相进线的用户宜采用三相四极断路器开关
		中大型商超、学校、公建、娱乐、酒店、医院等	50～3000	10kV	T接		(1)学校、医院宜采用双电源供电，医院还需配置自备电源。 (2)带有电梯等重要消防负荷(二级负荷)的综合楼、办公楼等需要配置双电源。 (3)大型商业用户宜采用双电源供电；包含一级负荷的用户(如超高层建筑、金融数据中心等)应配置自备电源

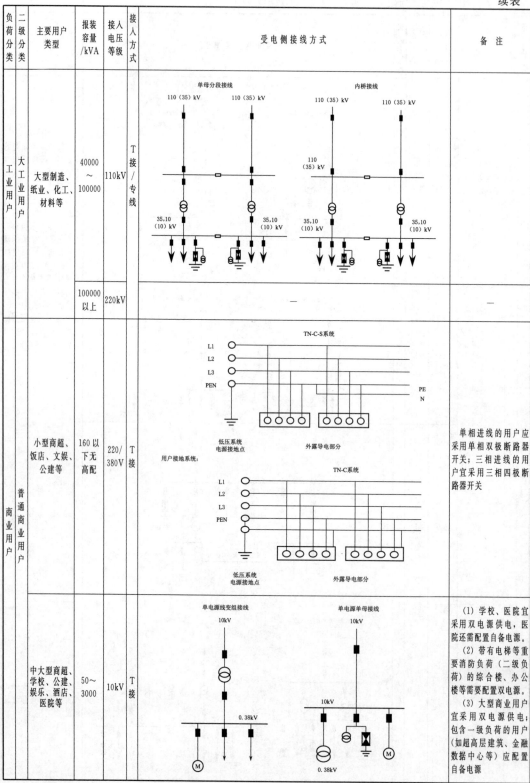

续表

负荷分类	二级分类	主要用户类型	报装容量/kVA	接入电压等级	接入方式	受电侧接线方式	备注
商业用户	大型商业用户	大型综合体、酒店、金融中心、写字楼、中心医院、大型公建（书城、奥体中心、艺术中心、市民中心等）	3000～12000	10kV	T接		
			大于12000	10kV	专线		
	充电设施	慢充充电桩	10及以下单相设备	220V	T接		
			100及以下	380V	T接		

续表

负荷分类	二级分类	主要用户类型	报装容量/kVA	接入电压等级	接入方式	受电侧接线方式	备注
商业用户	充电设施	快充/充电站	100~3000	10kV	T接	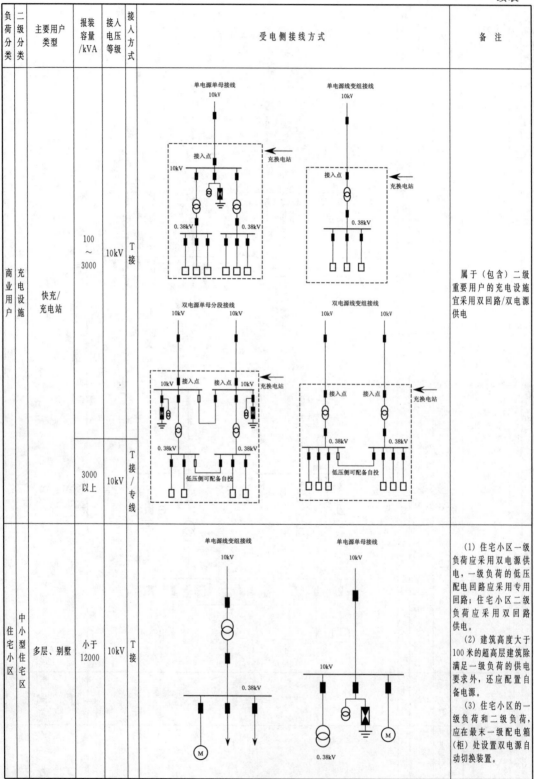	属于(包含)二级重要用户的充电设施宜采用双回路/双电源供电
			3000以上	10kV	T接/专线		
住宅小区	中小型住宅区	多层、别墅	小于12000	10kV	T接		(1) 住宅小区一级负荷应采用双电源供电,一级负荷的低压配电回路应采用专用回路;住宅小区二级负荷应采用双回路供电。 (2) 建筑高度大于100米的超高层建筑除满足一级负荷的供电要求外,还应配置自备电源。 (3) 住宅小区的一级负荷和二级负荷,应在最末一级配电箱(柜)处设置双电源自动切换装置。

续表

负荷分类	二级分类	主要用户类型	报装容量/kVA	接入电压等级	接入方式	受电侧接线方式	备注
住宅小区	大型住宅区	高层、超高层大型社区	12000～20000	10kV	根据负荷情况确定是否采用专线		（4）小区建成时充电停车位占比不小于14%，其中直流快充不少于总充电桩的3%。（5）小区一、二、三级负荷标准详见《衢州地区住宅小区供配电设施技术管理规定》（衢住建〔2019〕116）
			大于等于20000	10kV	专线		
农业用户	一	一般动力用户、农家乐、民宿、炒茶等	160以下	220/380V	T接		
		大型灌溉、小型加工厂、小作坊	1000以下	10kV			
临时/应急用电		基建施工、市政建设、抗旱打井、防汛排涝、抢险救灾、集会演出等	按需			移动发电车、移动储能等	用户建设时，提前预留可快速到达接电的应急电源接口

I.3　用户报装容量及用电负荷折算表

用　电　性　质	需　用　系　数 K	用户报装容量 S	用电负荷 P
工业	0.6~0.8	S_1	$P_1 = S_1 K_1$
商业	0.4~0.6	S_2	$P_2 = S_2 K_2$
居民	0.2~0.4	S_3	$P_3 = S_3 K_3$

注：需用系数 K 的选择，根据用户用电设备特性、生产工艺等综合考虑选定。